SAMMLUNG GÖSCHEN BAND 468

VERMESSUNGSKUNDE

I

STÜCKVERMESSUNG UND NIVELLIEREN

von

P. WERKMEISTER

Zehnte, völlig neubearbeitete Auflage

von

DR.-ING. WALTER GROSSMANN
ord. Professor an der Technischen Hochschule Hannover

Mit 117 Figuren

WALTER DE GRUYTER & CO.
vormals G. J. Göschen'sche Verlagshandlung · J. Guttentag, Verlagsbuchhandlung · Georg Reimer · Karl J. Trübner · Veit & Comp.
BERLIN 1953

Inhaltsverzeichnis

Stückvermessung

3 Aufnehmen und Auftragen kleiner Lagepläne

4 Flächenberechnung

Nivellieren

5 Bestandteile geodätischer Meßinstrumente

Die Bände Vermessungskunde II u. III (Slg. Göschen, Bd. 469 und 862) werden nach der Neubearbeitung durch denselben Bearbeiter folgendermaßen aufgegliedert sein:

Vermessungskunde II: Messung von Horizontalwinkeln mit Hilfe des Theodolits; Streckenmessung mit Feinmeßbändern, Basislatten und Präzisionsdistanzmessern; Grundlagen der Landesvermessung; Triangulieren und Polygonieren.

Vermessungskunde III: Trigonometrische und barometrische Höhenbestimmung; tachymetrische Instrumente und tachymetrische Aufnahmeverfahren; Absteckungen.

1 Grundlagen

11 Einleitung

Die Vermessungskunde oder Geodäsie befaßt sich mit der Vermessung größerer oder kleinerer Teile der Erdoberfläche und ihrer Darstellung in Karten und Plänen. Man unterteilt die Vermessungskunde in die Erdmessung, die Landesvermessung und die Land- oder Feldmessung. Die beiden erstgenannten Gebiete, bei denen die Krümmung der Erdoberfläche berücksichtigt werden muß, werden als höhere Geodäsie bezeichnet, während die Land- und Feldmessung auch niedere Geodäsie oder praktische Geometrie genannt wird. Ganz allgemein gliedern sich die geodätischen Arbeiten in Horizontal- oder Lagemessungen und Vertikal- oder Höhenmessungen. Dabei versteht man unter „Messung" einen einzelnen Messungsgang, unter „V e r messung" die Summe aller für die Erfassung eines Objekts notwendigen Messungen.

Die wichtigste Aufgabe der Vermessungstechnik ist die Herstellung von Landesvermessungs- und Kartenwerken. Dazu gehören in erster Linie die vorwiegend in den Maßstäben 1:500, 1:1000 und 1:2000 gezeichneten Katasterkarten, die insbesondere die Lage, die rechtmäßigen Grenzen und die Bebauung der Grundstücke nachweisen, und die in den Maßstäben von 1:5000 bis etwa 1 : 250 000 stehenden topographischen Karten, die vor allem eine Geländedarstellung enthalten. Daneben gibt es Spezialkartenwerke für Siedlungsräume, Verkehrsanlagen, Wasserbauten und zahlreiche andere Zwecke; überhaupt bilden Vermessung und Karte die Grundlage allen Planens und Bauens.

Als Unterlage für Ingenieurbauten werden in Kulturländern bei der Vorplanung die Kartenwerke der Landesvermessung verwendet. Für die spezielle Bauplanung, für die Absteckung der Bauelemente, für die Baukontrolle und für die Schlußabnahme sind besondere Baumessungen notwendig. Diese werden generell nicht anders angelegt als die Vermessungen für die Landeskartenwerke. Die Krümmung der Erdoberfläche braucht aber bei ihnen nur selten berücksichtigt zu werden. Dafür wird im einzelnen oftmals eine sehr hohe Genauigkeit verlangt.

In Neuländern muß der Ingenieur in der Lage sein, die Vermessungsunterlagen von den Lage- und Höhenfestpunkten an bis zu den Kartenwerken selbst herzustellen.

12 Bezugsflächen

Um die zu vermessenden Gegenstände nach Lage und Höhe festlegen zu können, bedarf es einer Ausgangs- oder Bezugsfläche. Hierfür empfiehlt sich, da man die Vertikalachsen der geodätischen Meßinstrumente mit Hilfe von Wasserwaagen oder Libellen in die Richtung der Schwerkraft zu bringen pflegt, eine Niveaufläche, d. h. eine Fläche, die in jedem ihrer Punkte normal zu der jeweiligen Richtung der Schwerkraft verläuft. Eine Fläche dieser Art ist auf der Erde durch die Oberfläche des Weltmeeres gegeben, das man sich hierzu in einer von Gezeiten, Strömungen usw. freien mittleren Lage ruhend vorzustellen und mittels kommunizierender Röhren unter den Kontinenten fortgesetzt zu denken hat. Diese auf der ganzen Erde eindeutig definierbare Fläche wird in Anlehnung an das griechische Wort für Erde als *Geoid* bezeichnet und als die eigentliche Figur der Erde betrachtet.

Die Meeresoberfläche stellt sich nach Maßgabe der Schwerkraft ein. Da diese aber infolge der Massenverteilung im Erdinnern gewisse Unregelmäßigkeiten aufweist, ist auch das Geoid keine regelmäßige Fläche. Es gleicht jedoch mit Abweichungen, die 100 m keinesfalls überschreiten, einem Umdrehungsellipsoid, dessen Äquatorhalbmesser im Jahre 1924 durch internationale Vereinbarung zu 63 78 388 m festgelegt ist. Als bestes Maß für die Abplattung — das ist die Verkürzung der Drehachse gegenüber der Äquatorachse — ist 1:297 angenommen worden. Die Drehachse ist also nur rund 3 ‰ kürzer als die Äquatorachse.

Soll nun ein Abschnitt aus der sichtbaren Erdoberfläche vermessen werden, so denke man sich alle Oberflächenpunkte in der jeweiligen Lotrichtung auf das Geoid projiziert. Als Fläche gilt dann die Projektion des Ausschnitts auf das Geoid. Die horizontale Entfernung zweier Punkte ist die auf dem Geoid zu messende kürzeste Entfernung der Lotfußpunkte, die Höhe (= Meereshöhe) eines Punktes ist sein in der Lotlinie gemessener Abstand vom Geoid, und der Höhenunterschied zweier Punkte ist die Differenz ihrer Meereshöhen.

Angesichts der geringen Unterschiede von Geoid und Umdrehungsellipsoid kann man, sofern man sich auf Länder von mittlerer Größe beschränkt, für Lagemessungen ein Umdrehungsellipsoid als Bezugsfläche nehmen und hat dann den Vorteil, auf einer mathematisch beherrschbaren Fläche rechnen zu können. Für kleinere Länder wählt man eine sich der Erdkrümmung im Vermessungsgebiet möglichst eng anschmiegende Kugel, und wenn das Vermessungsgebiet 10 km im Quadrat nicht überschreitet, genügt die Ebene als Bezugsfläche.

Bei den Höhenmessungen sind diese Vereinfachungen nicht erlaubt. Einerseits ist nämlich die Krümmung der Erdoberfläche so bedeutend, daß eine Tangentialebene, die man in irgendeinem Punkt an die als Ellipsoid oder Kugel betrachtete Erde legt, in 35 km Entfernung vom Berührungspunkt bereits rund 100 m von der Erde absteht. Zum anderen machen die Unterschiede zwischen Ellipsoid und Geoid sich bei der Höhenmessung durchaus bemerkbar. Höhenmessungen werden daher stets auf das Geoid — oder wie man in der Praxis zu sagen pflegt — auf den mittleren Meereshorizont bezogen.

Die Vermessungskunde wird in diesem Bändchen nur insoweit behandelt, als die Bezugsfläche für Lagemessungen als Ebene angesehen werden kann. Von den Höhenmessungen wird lediglich das Verfahren des Nivellements besprochen, bei dem es dem Praktiker gar nicht zum Bewußtsein kommt, daß er mit einer gekrümmten Bezugsfläche arbeitet.

13 Maßsysteme

13.1 Grundlage der Längenmessung ist das Internationale Meter. Es ist definiert als der Abstand der beiden Endmarken des im Internationalen Büro für Maß und Gewicht in Breteuil bei Paris befindlichen Urmeters und entspricht nahezu dem vierzigmillionsten Teil eines Erdmeridians. Es wird unterteilt in Dezimeter (dm), Zentimeter (cm), Millimeter (mm) und für sehr feine Messungen in Mikron (μ) = 0,001 mm. 100 m sind ein Hektometer (hm), 1000 m ein Kilometer (km). Neben den Längen werden auch die Höhen in internationalen Metern ausgedrückt.

Als Flächenmaße benutzt man das Quadratmillimeter, das Quadratzentimeter, das Quadratdezimeter, das Quadratmeter und das Quadratkilometer, die man in der Technik zweckmäßig mit mm^2, cm^2, dm^2, m^2, km^2 bezeichnet. Die in Deutschland gesetzlich auch zugelassenen Symbole qmm, qcm, qdm, qm, qkm ebenso wie die Bezeichnungen a (1 Ar = 100 m^2) und ha (1 Hektar = 1 hm^2 = 10 000 m^2) haben den Nachteil, daß sich die Dimensionen in Formeln nicht gleich am Exponenten erkennen lassen.

13.2 Grundlage der Winkelmessung ist der Vollkreis, der aus 4 Viertelkreisen oder Quadranten besteht. Der Vollkreis wird gem. DIN 1315 im System der alten oder Sexagesimalteilung in 360° (Altgrad) unterteilt, wobei $1° = 60'$ (Altminuten) $= 3600''$ (Altsekunden) ist. Im System der neuen oder Zentesimalteilung zerlegt man ihn in 400^g (Neugrad), wobei $1^g = 100^c$ (Neuminuten) $= 10\,000^{cc}$ (Neusekunden) ist. Zur Umwandlung hat man

$$1° = 1{,}111\ldots^g \qquad 1^g = 0{,}9°$$

$$1' = 1{,}85\,185\,185\ldots^c \qquad 1^c = 0{,}54'$$

$$1'' = 3{,}08\,641\,975\,308\ldots^{cc} \qquad 1^{cc} = 0{,}324''$$

In der Vermessungstechnik gewinnt die neue Teilung zusehends Boden, weil sie sowohl für die Messung als auch besonders für die Rechnung viel bequemer ist als die alte Teilung. Diese wird sich jedoch niemals ganz verdrängen lassen; denn sie erlaubt in der Astronomie einen bequemen Übergang vom Winkelmaß zum Zeitmaß, und sie ist in der Geographie durch das Netz der Breiten- und Längengrade auf der Erde fest eingebürgert. Für den Übergang von einer zur anderen Teilung gibt es zahlreiche Tafelwerke.

In der Bautechnik werden die Höhenunterschiede vielfach in Prozenten des Längenunterschiedes ausgedrückt. In runden Werten besteht zwischen Prozentsatz und neuer Teilung folgender Zusammenhang:

1	2	3	4	6	8	10	20	30	50	100 %
= 0,6	1,3	1,9	2,5	3,8	5,1	6,3	12,6	18,6	29,5	50^g

13.3 D a s B o g e n m a ß eines Winkels ist die Länge des Bogens, den seine Schenkel aus dem um den Scheitelpunkt geschlagenen Einheitskreis herausschneiden. Das Bogenmaß des vollen Winkels ist 2π, das des rechten Winkels $\pi/2$. Die Einheit des Bogenmaßes ist der Winkel, für den das Verhältnis vom Bogen zum Halbmesser gleich 1 ist. Dieser wird als *Radiant* bezeichnet; er hat, wenn R ein rechter Winkel ist, den Wert $2R/\pi$. Für $2R/\pi$ wird in der Geodäsie als Symbol ϱ benutzt. Um eine wichtige Beziehung abzuleiten, bilde man, wenn r der Halbmesser eines Kreises, b ein Bogen und α ein Winkel im Gradmaß ist, die Proportion

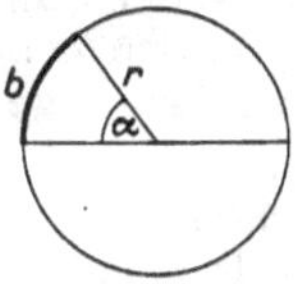

Bild 1.

$$b : 2r\pi = \alpha : 4R \quad \text{oder}$$

$$b : r = \alpha : \varrho\,, \tag{1}$$

ϱ hat je nach der benutzten Einheit die Zahlenwerte:

$$\varrho^\circ = \frac{180}{\pi} = 57{,}295\,779\ldots \qquad \varrho^g = 63{,}661\,977\ldots$$

$$\varrho' = \frac{180 \cdot 60}{\pi} = 3\,437{,}746\,7\ldots \qquad \varrho^c = 6\,366{,}1977\ldots$$

$$\varrho'' = \frac{180 \cdot 60 \cdot 60}{\pi} = 206\,264{,}8\ldots \qquad \varrho^{cc} = 636\,619{,}77\ldots.$$

Beispiel: Eine 150 m lange Achse soll um 10^c verschwenkt werden. Um welchen linearen Betrag wird dadurch das freie Ende der Achse seitwärts verlegt? Gleichung (1) mit der Konstanten für ϱ^c gibt

$$b = \frac{150 \cdot 10}{63\,66{,}20} = 0{,}235\,\text{m} \; .$$

14 Fehlerrechnung

14.1 Aufgabe der Fehlerrechnung. Da die Messungsergebnisse die Grundlage für kostspielige bautechnische Arbeiten, Rechtsfragen, Verwaltungsmaßnahmen usw. sind, muß ihre Genauigkeit bekannt sein. Nun ist eine völlig fehlerfreie Messung infolge der Unvollkommenheit der menschlichen Sinne und der Meßgeräte nicht möglich. Die Messungen können aber so angelegt werden, daß die Fehler sich abschätzen und in bestimmten Grenzen halten lassen. Dazu muß man die Fehlerquellen und ihre Auswirkung auf das Ergebnis kennen. Fehleruntersuchungen sind daher bei allen Vermessungsarbeiten unerläßlich.

14.2 Fehlerarten. Die Messungsfehler lassen sich einteilen in grobe, regelmäßige und unregelmäßige Fehler.

a) *Grobe Fehler* entstehen durch fehlerhafte Ablesungen an den Meßinstrumenten und ähnliche Versehen. Damit sie rechtzeitig entdeckt und ausgemerzt werden können, müssen die Messungen durch Kontrollmessungen gesichert werden.

b) *Regelmäßige oder systematische Fehler* wirken immer in demselben Sinn. Sie werden z. B. bei der Längenmessung durch Meßlatten von unrichtiger Länge, durch einseitige Temperatureinflüsse, durch unbemerktes Bergabrutschen der Latten usw. hervorgerufen. Ein geschickter Beobachter wird die Fehler durch Eichung der Meßgeräte, Berechnung des Temperatureinflusses, Messen in umgekehrter Richtung usw. weitgehend ausscheiden oder kompensieren.

c) *Unregelmäßige oder zufällige Fehler* beeinflussen das Messungsergebnis rein zufällig bald in positivem, bald in negativem Sinne. Sie beruhen auf Beobachtungsungenauigkeiten, auf der begrenzten Schärfe der Meßinstrumente, auf unkontrollierbaren meteorologischen Einflüssen usw. Trotz ihrer scheinbaren Regellosigkeit unterliegen sie indessen den Gesetzen des Zufalls.

Zur Illustration sind im nachstehenden Bild die Fehler ε_i, die bei 160 Beobachtungen desselben Winkels gemacht wurden, nach ihrer Größe (Abszisse) und der Häufigkeit ihres Auftretens (Ordinate) geordnet worden. Offenbar ist danach

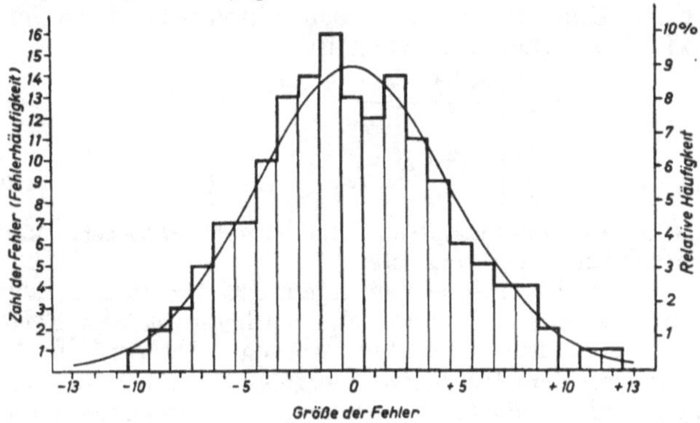

Bild 2.

die Häufigkeit, mit der ein Fehler ε_i auftritt, eine Funktion seiner Größe. Diese Gesetzmäßigkeit läßt sich bei allen größeren Fehlerreihen feststellen, bei denen nur zufällige Fehler vorkommen. Sie ist von C. F. Gauß in das nach ihm benannte Fehlergesetz

$$\varphi(\varepsilon) = \frac{h}{\sqrt{\pi}} e^{-h^2 \varepsilon^2}$$

gebracht worden, in dem $\varphi(\varepsilon)$ die relative — d. h. prozentuale — Häufigkeit, e die Basis der natürlichen Logarithmen und h eine Konstante ist, die die Messungsgenauigkeit charakterisiert. Die danach zu erwartende theoretische Fehlerverteilungskurve ist ebenfalls eingezeichnet; sie stimmt mit der tatsächlichen Kurve gut überein.

14.3 Die Berechnung des mittleren Fehlers. Um die Genauigkeit einer Messung oder einer Messungsart angeben zu können, werden nicht so sehr einzelne Fehler als vielmehr Durchschnittsmaße benötigt. Als solche sind der *durchschnittliche Fehler* t und der *mittlere Fehler* m im Gebrauch. Zu ihrer Definition wird angenommen, es sei eine Größe X n-mal mit gleicher Genauigkeit gemessen, und es seien die Messungsergebnisse $l_1, l_2, l_3 \ldots l_n$ mit den Fehlern $\varepsilon_1, \varepsilon_2, \ldots \varepsilon_n$ behaftet. Dann ist, wenn $|\,|$ den Absolutwert bezeichnet und $[\,]$ ein Summenzeichen ist,

$$t = \pm \frac{|\varepsilon_1| + |\varepsilon_2| + \ldots |\varepsilon_n|}{n} = \pm \frac{[|\varepsilon|]}{n}, \tag{1}$$

$$m = \pm \sqrt{\frac{\varepsilon_1^2 + \varepsilon_2^2 + \ldots \varepsilon_n^2}{n}} = \pm \sqrt{\frac{[\varepsilon^2]}{n}}. \tag{2}$$

Als bestes Genauigkeitsmaß hat sich m erwiesen; auf t wird daher fortan verzichtet.

Nun ist der *wahre Wert* X einer Größe in der Regel nicht bekannt; es können daher auch die *wahren Fehler* $\varepsilon_1, \varepsilon_2, \ldots \varepsilon_n$ nicht angegeben werden. Als Aushilfe benutzt man den den Messungsergebnissen am besten entsprechenden *günstigsten Wert* x, der folgendermaßen erhalten wird:

a) Wenn alle Beobachtungen gleich genau sind, ist der günstigste Wert ohne Zweifel das *arithmetische Mittel* der Einzelmessungen

$$x = \frac{l_1 + l_2 + l_3 + \ldots l_n}{n} = \frac{[l]}{n}. \tag{3}$$

An die Stelle der ε_i treten dann die *scheinbaren Fehler* oder *Verbesserungen*

$$v_1 = x - l_1; \quad v_2 = x - l_2; \quad v_n = x - l_n. \tag{4}$$

Mit Hilfe der v_i errechnet man unter der Voraussetzung, daß nur zufällige Fehler vorliegen und n eine nicht zu kleine Zahl ist, den mittleren Fehler einer Einzelmessung aus

$$m = \pm \sqrt{\frac{[v^2]}{n-1}}\,. \tag{5}$$

Der mittlere Fehler des arithmetischen Mittels aller Beobachtungen ist, wie in (14) begründet werden wird,

$$m_x = \pm \frac{m}{\sqrt{n}}\,. \tag{6}$$

B e i s p i e l : Bei 10maliger Messung einer Strecke erhielt man 87,0 m + 42, + 40, + 43, + 45, + 41, + 42, + 38, + 44, + 43, + 42 cm.

Damit wird nach (3) $x = 87{,}0 + \frac{420}{10} = \underline{87{,}42\ \text{m}}\,.$

Nach (4) sind die v_i: 0, + 2, − 1, − 3, + 1, 0, + 4, − 2, − 1, 0; $[v] = 0$.

Nach (5) und (6) ist $m = \pm \sqrt{\frac{36}{10-1}} = \underline{\pm 2\ \text{cm}}$;

$$m_x = \frac{m}{\sqrt{10}} = \underline{\pm 0{,}6\ \text{cm}}.$$

b) Haben die Messungen v e r s c h i e d e n e G e n a u i g k e i t , so müssen ihre *Gewichte* bekannt sein. Eine Messung hat das Gewicht p, wenn sie dieselbe Genauigkeit hat wie das arithmetische Mittel aus p Messungen mit dem Gewicht 1. Die Gewichte sind also Verhältniszahlen; sie sind im Hinblick auf (6) den Quadraten der mittleren Fehler umgekehrt proportional und errechnen sich, wenn c eine beliebige Konstante ist, aus $p_i = c/m_i^2$.

Der günstigste Wert aus n-Messungen $l_1, l_2 \ldots l_n$ mit den Gewichten $p_1, p_2 \ldots p_n$ ist das *Allgemeine arithmetrische Mittel*

$$x = \frac{l_1 p_1 + l_2 p_2 + \ldots l_n p_n}{p_1 + p_2 + \ldots p_n} = \frac{[lp]}{[p]}\,. \tag{7}$$

Der mittl. Fehler einer Messung mit dem Gewicht 1 heißt *Gewichtseinheitsfehler.* Er wird mit m_0 bezeichnet und berechnet nach der Formel

$$m_0 = \pm \sqrt{\frac{[v^2 p]}{n-1}}, \tag{8}$$

wobei sich die v, wie in (4), aus $v_i = x - l_i$ ergeben. Der mittl. Fehler des allgemeinen arithmetischen Mittels ist

$$m_x = \pm \frac{m_0}{\sqrt{[p]}}. \tag{9}$$

Beispiel: Ein Winkel wurde am 1. Tage 8mal, am 2. Tage 4mal, am 3. Tage 12 mal, am 4. Tage 8mal gemessen. Man erhielt als Tagesmittel der Reihe nach $40{,}1714^g$, $40{,}1718^g$, $40{,}1721^g$, $40{,}1725^g$. Gesucht sind der günstigste Wert und sein mittl. Fehler.

Die Gewichte sind proportional den Wiederholungszahlen. Also ist $p_1 = 2$; $p_2 = 1$; $p_3 = 3$; $p_4 = 2$, und man findet nach (7) als günstigsten Wert

$$x = 40{,}17^g + \frac{14 \cdot 2 + 18 \cdot 1 + 21 \cdot 3 + 25 \cdot 2}{2+1+3+2} = 40{,}17^g + 20^{cc} = 40{,}1720^g$$

(4) gibt $v_1 = +6$; $v_2 = +2$; $v_3 = -1$; $v_4 = -5$;
$[v\,p] = +1$ (soll Null).
Nach (8) und (9) ist

$$m_0 = \pm \sqrt{\frac{129}{4-1}} = \pm 7^{cc}; \quad m_x = \pm \frac{m_0}{\sqrt{8}} = \pm 2{,}4^{cc}.$$

14.4 Das Fehlerfortpflanzungsgesetz. Der mittl. Fehler einer Größe x, die eine Funktion gemessener Größen $l_1, l_2 \ldots l_n$ mit den mittl. Fehlern $m_1, m_2, \ldots m_n$ ist, läßt sich auf Grund einer Abschätzung unter den zur Ableitung von (5) benutzten Voraussetzungen ermitteln.

a) Sind die Messungen zu einer Summe oder Differenz zu vereinigen, d. h. ist

$$x = l_1 \pm l_2 \pm l_3 \cdots \pm l_n,$$

so hat man zur Berechnung des mittl. Fehlers von x die Formel

$$m_x^2 = m_1^2 + m_2^2 + m_3^2 + \cdots + m_n^2. \tag{10}$$

b) Treten **Multiplikationen mit den Konstanten** $a_1, a_2 \ldots a_n$ hinzu, so sind die Funktion und ihr mittl. Fehler

$$\left.\begin{aligned} x &= a_1 l_1 \pm a_2 l_2 \pm a_3 l_3 \pm \cdots \pm a_n l_n, \\ m_x^2 &= a_1^2 m_1^2 + a_2^2 m_2^2 + \cdots + a_n^2 m_n^2. \end{aligned}\right\} \qquad (11)$$

c) Endlich ergibt die Anwendung des Taylorschen Satzes für den Fehler einer **nicht linearen Funktion**

$$\left.\begin{aligned} x &= f(l_1, l_2 \cdots l_n), \\ m_x^2 &= \left(\frac{\partial f}{\partial l_1}\right)^2 m_1^2 + \left(\frac{\partial f}{\partial l_2}\right)^2 m_2^2 + \cdots + \left(\frac{\partial f}{\partial l_n}\right)^2 m_n^2. \end{aligned}\right\} \qquad (12)$$

Wichtige Anwendungen sind folgende Sonderfälle:

1. Eine Größe x sei die Summe von n Einzelmessungen, die alle denselben mittl. Fehler haben. Gesucht ist der mittl. Fehler der Summe. Dieser Fall tritt z. B. ein, wenn eine Strecke mit Hilfe von Latten mit stets gleichbleibender Sorgfalt gemessen ist, so daß für jede Lattenlage ein gleich großer mittl. Fehler m zu erwarten ist. Dann ist nach (10)

$$m_x^2 = m^2 + m^2 + \ldots m^2 \text{ oder } m_x = m\sqrt{n}. \qquad (13)$$

In Worten: Werden mehrere gleich genaue Einzelmessungen zu einer Summe oder Differenz aneinandergesetzt, so wächst der mittl. Fehler mit der Quadratwurzel aus der Anzahl der Messungen.

2. Ein und dieselbe Größe sei n mal mit gleicher Genauigkeit, nämlich mit dem mittl. Fehler m gemessen worden. Gesucht ist der mittl. Fehler des arithmetischen Mittels aus allen Messungen. Dazu schreibt man die Formel (3) in der Form

$$x = \frac{[l]}{n} = \frac{l_1}{n} + \frac{l_2}{n} + \frac{l_3}{n} + \ldots \frac{l_n}{n}$$

und wendet darauf die Gleichungen (11) an. Dann folgt die in (6) bereits vorweggenommene Beziehung

$$m_x^2 = \frac{m^2}{n^2} + \frac{m^2}{n^2} + \cdots \frac{m^2}{n^2} \text{ oder } m_x = \frac{m}{\sqrt{n}}. \tag{14}$$

In Worten: Wird ein und derselbe Gegenstand n-mal mit gleicher Genauigkeit gemessen, so geht der mittl. Fehler bei wachsendem n mit der Quadratwurzel aus der Anzahl der Wiederholungen zurück.

Der Leser möge (13) und (14) sorgfältig auseinanderhalten!

Beispiele zu 14.4:

1. Die Seiten eines Rechtecks und ihre mittl. Fehler sind $a = 39{,}12 \pm 0{,}02$ m und $b = 71{,}38 \pm 0{,}04$ m. Gesucht sind die Fläche des Rechtecks und ihr mittl. Fehler.

Aus $F = a\,b$ folgt gem. (12) $m_F^2 = (b\,m_a)^2 + (a\,m_b)^2$ und mit den gegebenen Zahlen $F = 2792 \pm 2{,}1\ \text{m}^2$.

2. In einem Dreieck ABC sind gemessen $b = 221{,}41 \pm 0{,}06$ m, $c = 166{,}14 \pm 0{,}05$ m und $\alpha = 54{,}2110^g \pm 40^{cc}$. Gesucht sind die Seite a und ihr mittl. Fehler.

Aus $a = \sqrt{b^2 + c^2 - 2\,b\,c\cos\alpha}$ folgt gem. (12)

$$m_a^2 = \left(\frac{b - c\cos\alpha}{a}\,m_b\right)^2 + \left(\frac{c - b\cos\alpha}{a}\,m_c\right)^2 + \left(\frac{b\,c\sin\alpha}{a}\,\frac{m_\alpha}{\varrho}\right)^2$$

und mit den gegebenen Zahlen $a = 167{,}80 \pm 0{,}04$ m.

3. Bei einer Längenmessung mit 5-m-Latten ist der von dem ungenauen Aneinanderlegen der Latten herrührende mittl. Fehler einer einzelnen Lattenlage gleich $\pm$ 2 mm. Wie groß ist der mittl. Fehler einer Strecke von 100 m?

Aus (13) folgt: $m_{100} = \pm 2\sqrt{20}$ mm $= \pm 9$ mm.

4. Eine Strecke von 160 m wurde viermal unabhängig gemessen. Eine einzelne Messung hat den mittl. Fehler $\pm$ 12 mm. Wie groß ist der mittl. Fehler des arithmetischen Mittels aus den 4 Messungen?

Aus (14) folgt: $m_x = \pm \frac{12}{\sqrt{4}}$ mm $= \pm 6$ mm.

14.5 D e r G r e n z - o d e r M a x i m a l f e h l e r. Die zufälligen Messungsfehler überschreiten eine bestimmte

Grenze nur selten. Nach dem Gaußschen Fehlergesetz ist zu erwarten, daß ein zufälliger Fehler von der doppelten Größe des mittl. Fehlers bei 22 Messungen, ein Fehler von der dreifachen Größe des mittl. Fehlers sogar erst bei 368 Messungen einmal zu erwarten ist. Die Vermessungsverwaltungen haben daher für die häufig vorkommenden Messungsarten den drei- bis vierfachen Betrag des bei der betreffenden Messungsart zu erwartenden mittl. Fehlers als *Fehlergrenze* festgesetzt und angeordnet, daß eine Messung, bei der diese Fehlergrenze nicht eingehalten ist, wiederholt werden muß.

2 Abstecken und Messen gerader Linien

21 Bezeichnungen von Punkten und Geraden

21.1 Bezeichnung von Punkten im Gelände. Der Zweck einer Grundstücksvermessung ist in erster Linie die Aufmessung der Grenzen. Die Brechpunkte der Grenzen werden daher, wenn die Örtlichkeit es irgend erlaubt, vermarkt, und zwar mit 60 bis 80 cm langen Natur- oder Kunststeinen, mit Betonklötzen, in die Eisenrohre eingelassen sind, mancherorts auch mit unterirdisch einzubringenden Hohlziegeln oder Dränrohren, seltener mit Pfählen. Außer den Grenzpunkten werden die Festpunkte der Vermessung festgelegt; insbesondere werden die Dreiecks- oder Trigonometrischen Punkte in Deutschland mit Steinpfeiler nebst unterlegter Platte vermarkt; andere Vermessungspunkte werden mit Lochsteinen oder nur unterirdisch mit Dränrohren, Hohlziegeln oder Gasrohren bezeichnet.

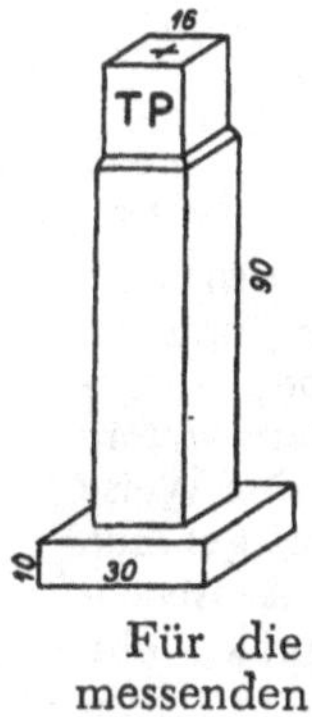

Bild 3. Dreieckspunkt.

Für die Dauer einer Vermessung müssen alle anzumessenden Punkte von weit her zu sehen sein. Nun werden, wie in 12 ausgeführt ist, bei einer Lagemessung alle Punkte, die einer Lotlinie angehören, auf einen Punkt der Bezugsfläche projiziert; es liegt daher nahe, die Lotlinien der Punkte sichtbar zu machen. Das geschieht, wenn diese nicht bereits in der Natur vorhanden sind, wie etwa Hauskanten, mit Hilfe von Fluchtstäben. Die Fluchtstäbe (Baken) sind Stangen aus Eschen- oder Kiefernholz, die nach DIN 3005 2,8 cm stark und 2 m lang sein sollen; sie sind von 50 cm zu 50 cm abwechselnd weiß und rot gestrichen und mit einer eisernen Spitze zum Einstoßen in den Boden versehen. Sie werden mit Hilfe eines Schnurlotes, mit einer anklemmbaren Libelle oder mit einem Lattenrichter nach DIN 3013 lotrecht gestellt. Auf hartem Untergrund (Pflaster) benutzt man eiserne Fluchtstabhalter.

Bild 4. Fluchtstabhalter.

Bild 5. Lattenrichter.

21.2 Ausfluchten von Geraden. Um eine gerade Linie AB im Gelände zu bezeichnen, müssen zuerst ihre beiden Endpunkte mit Fluchtstäben ausgesteckt werden. Zwischen den Endpunkten werden weitere Fluchtstäbe in Abständen von 30 bis 50 m in der Weise eingefluchtet, daß vom Beobachterstandpunkt aus gesehen zuerst der fernste, zuletzt der nächstgelegene Zwischenpunkt eingewiesen wird. Sind alle Zwischenpunkte eingefluchtet, so ist die Gerade „abgesteckt".

Ein gewandter Beobachter kann Geraden bis zu etwa 200 m mit bloßem Auge ausfluchten; für längere Strecken ist ein Feldstecher erforderlich. Bei sorgfältiger Arbeit gelingt es so, in ebenem Gelände die Zwischenpunkte auf 2 bis 3 Stabdicken in die Gerade zu bringen. Wird größere Genauigkeit verlangt oder hat man eine Gerade im Gebirge durchzufluchten, ist ein Theodolit erforderlich (Vermessungskunde II, Slg. Göschen, Bd. 469).

21.3 Überwinden von Geländehindernissen.

21.31 *Gegenseitiges Einweisen* durch 2 Gehilfen wird erforderlich, wenn A und E unzugänglich (Hausecken) oder infolge einer Bodenerhebung nicht gegenseitig sichtbar sind.

Die beiden Gehilfen stellen sich gemäß nachstehendem Bild, jeder mit einem Fluchtstab versehen, an zwei zwischen A und E gelegenen Punkten 1 und 2 auf, von denen aus je-

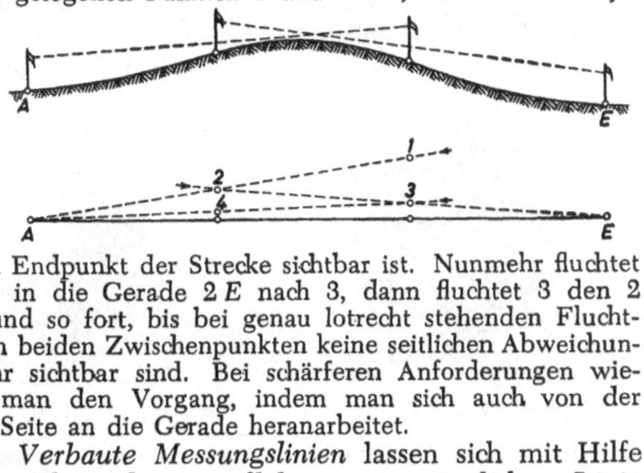

Bild 6.

weils ein Endpunkt der Strecke sichtbar ist. Nunmehr fluchtet 2 den 1 in die Gerade $2E$ nach 3, dann fluchtet 3 den 2 nach 4 und so fort, bis bei genau lotrecht stehenden Fluchtstäben an beiden Zwischenpunkten keine seitlichen Abweichungen mehr sichtbar sind. Bei schärferen Anforderungen wiederhole man den Vorgang, indem man sich auch von der anderen Seite an die Gerade heranarbeitet.

21.32. *Verbaute Messungslinien* lassen sich mit Hilfe einer im Abstand a parallel zur ursprünglichen Linie durchgefluchteten Gerade abstecken. Die kleinen Doppelbögen im Bilde symbolisieren rechte Winkel, die gemäß 22 abzusetzen sind.

Bild 7.

In anderen Fällen legt man eine Hilfslinie durch A, „winkelt“ B darauf auf und mißt das Stück b. Dann werden in C_1 und D_1 die Ordinaten c und d proportional eingerechnet und in der Örtlichkeit rechtwinklig abgesetzt. Das verbaute Zwischenstück errechnet sich nach dem Pythagoräischen Lehrsatz aus $CD^2 = C_1 D_1^2 + (d - c)^2$.

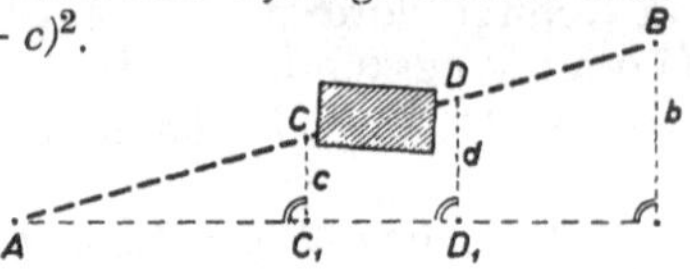

Bild 8.

22 Absetzen von festen Winkeln

Zum Absetzen rechter Winkel oder zum Aufwinkeln seitwärts liegender Punkte auf eine Messungslinie dienen Diopterinstrumente, Winkelspiegel und Winkelprismen.

22.1 Die Kreuzscheibe besteht aus einem auf einem Stahlrohr befestigten Kegelstumpf mit vier etwa

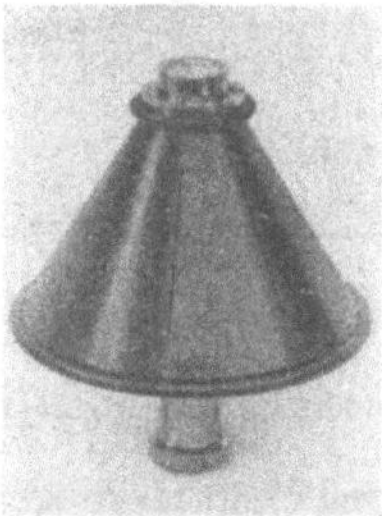

Bild 9. Kreuzscheibe.

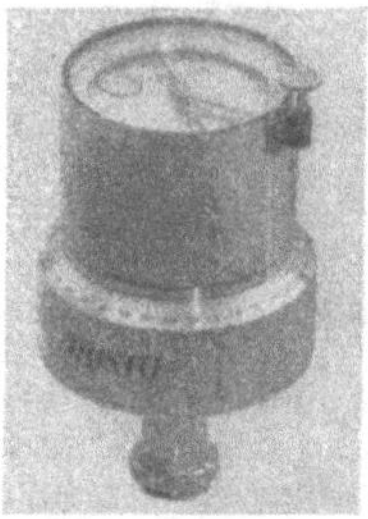

Bild 10. Winkeltrommel.

0,5 mm breiten Schlitzen, die zwei zueinander senkrechte Visierlinien festlegen. Eine Dosenlibelle dient zum Lotrechtstellen. Die Kreuzscheibe erlaubt Steilsichten von etwa 35^g nach oben und unten; sie wird deshalb besonders im Gebirge verwandt. Der mittl. Fehler eines mit der Kreuzscheibe abgesteckten Winkels beträgt etwa $\pm 5^c$. Nach 13.3 (2) bedeutet das auf 30 m eine seitliche Unsicherheit von rund 2 cm.

Der *Winkelkopf*, eine ältere Form der Kreuzscheibe, wird auch mit 8 Sehspalten geliefert, so daß damit auch Winkel von 50^g abgesetzt werden können. Die *Winkeltrommel* besteht aus einem Winkelkopf, der drehbar auf einem mit einer Gradeinteilung versehenen Unterbau angebracht ist. Dieses Gerät, das auch mit einem Kompaß versehen sein kann, gestattet die Absetzung beliebiger Winkel auf einige Zehntelgrade.

22.2 Der Winkelspiegel besteht aus zwei ebenen Spiegeln, die einen Winkel von 50^g einschließen. Die Spiegel sind auf einem Handgriff befestigt, der mit Hilfe eines Schnurlotes zentriert und senkrecht gehalten werden kann. Weil der einfallende und der zurückgeworfene Lichtstrahl mit dem Einfallslot gleiche Winkel einschließen, gelangt ein im nachstehenden Bilde von rechts einfallender Strahl nach Brechung bei *B* und *C* in das Auge des Beobachters. Dabei bilden der einfallende und der austretende Strahl den Winkel

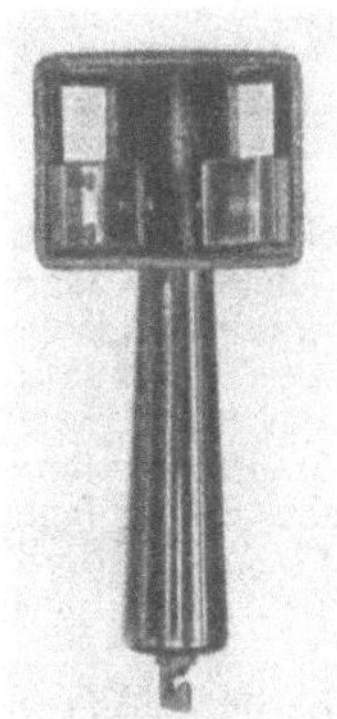

Bild 11. Winkelspiegel

$$\varphi = 2\beta + 2\gamma.$$

Da aber $\alpha = \beta + \gamma$ ist, wird $\varphi = 2\alpha = 2 \cdot 50^g = 100^g = R$. Der Winkelspiegel kann also zum Absetzen rechter Winkel benutzt werden.

Um die Hausecke *H* auf die Messungslinie *AG* „aufzuwinkeln“, stellt der Beobachter sich in die Gerade *AG*, bringt im Winkelspiegel die Bilder der beiden Fluchtstäbe A_1 und A_2 zur Deckung und bewegt den Winkelspiegel seitlich so lange hin und her, bis die Bilder der Fluchtstäbe A_1 und A_2 von *H* herzukommen scheinen. In dieser Stellung läßt er Schnurlot oder Lotstab fallen und gewinnt damit den Lotfußpunkt *D*.

Soll in D ein Lot errichtet werden, so wird ein Meßgehilfe mit einem Fluchtstab in die ungefähre Lotrichtung entsandt. Der Beobachter stellt sich in D auf, bringt wieder die Bilder von A_1 und A_2 zur Deckung und weist den Meßgehilfen so ein, daß sein Fluchtstab in derselben Richtung erscheint wie die Bilder von A_1 und A_2.

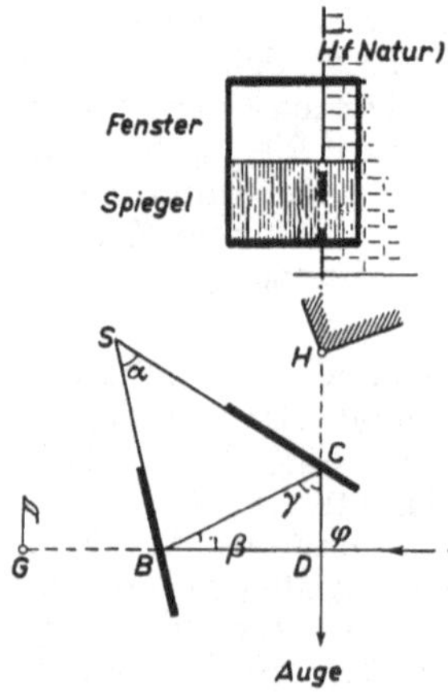

Bild 12. Strahlengang im Winkelspiegel.

Wenn die Spiegel durch Temperatureinwirkung oder Veränderungen an der Fassung ihre gegenseitige Lage verändern, ist das Gerät „dejustiert". Um trotzdem ein einwandfreies Ergebnis erzielen zu können, setzt man neben ADH auch GDH ab und nimmt aus beiden Absetzungen das Mittel. Wird dann die Lage eines Spiegels mit den Halteschrauben so lange verändert, bis die Richtung nach H in beiden Spiegellagen übereinstimmend erhalten wird, so ist das Gerät „justiert". Die Absteckgenauigkeit ist beim Winkelspiegel ungefähr so groß wie bei der Kreuzscheibe.

Auf dem Prinzip des Winkelspiegels beruht der „Winkelhalbierer" nach Weiken, der aus zwei symmetrisch angeordneten gekoppelten Spiegeln besteht. Die Spiegel sind drehbar und mit einem Teilkreis gekuppelt, auf dem ein von zwei Sehstrahlen gebildeter Winkel beliebiger Größe auf einige Zehntel Grade abgelesen werden kann. Der Hauptzweck des Geräts ist die Absteckung der Winkelhalbierenden bei der Übertragung von Wegenetzentwürfen in die Örtlichkeit.

Die vollkommenste Form des Winkelspiegels ist der Sextant des Nautikers, bei dem ein fester und ein beweglicher Spiegel auf einem sexagesimal geteilten Gradbogen befestigt sind. Der Sextant gestattet die Messung beliebiger Winkel mit einem mittl. Fehler von $\pm 1'$.

22.3 Winkelprismen werden in verschiedenen Ausführungen gebaut. Ihr Strahlengang läßt sich mit Hilfe des Brechungsgesetzes, des Reflexionsgesetzes und des Gesetzes von der totalen Reflexion leicht herleiten.

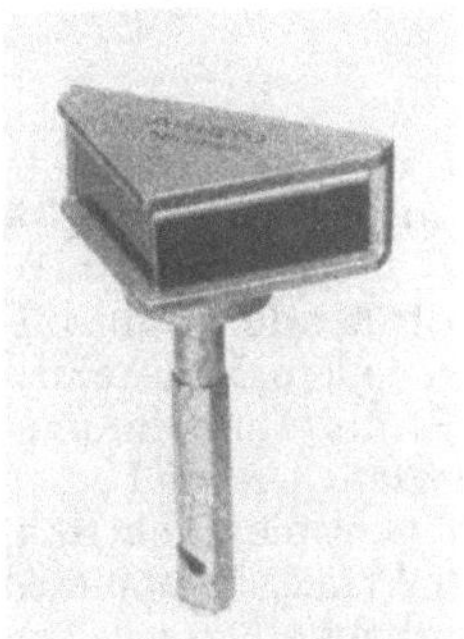

Bild 13. Bauernfeindsches Winkelprisma.

22.31 Das *Bauernfeindsche Winkelprisma* hat als Querschnitt ein rechtwinklich gleichschenkliges Dreieck; seine Hypotenusenfläche ist versilbert. Es wird durch eine Messingfassung mit einem Handgriff gehalten, an dem ein Schnurlot oder ein ausklinkbarer Lotstab befestigt werden kann. Bei Gebrauch sind zwei Fälle zu unterscheiden:

Erster Fall: Ein Lichtstrahl falle im mittleren Teil einer Kathete ein; dann wird er an der Eintrittskathete gebrochen, an der Hypotenuse zurückgeworfen und an der Austrittskathede noch einmal gebrochen, wobei er eine Ablenkung $\varphi = R + 2\alpha$ erleidet. Dreht man das Prisma ein wenig, so ändert sich α und damit auch φ. Der Strahl scheint zu wandern; er ist beweglich und daher für unsere Zwecke nicht brauchbar.

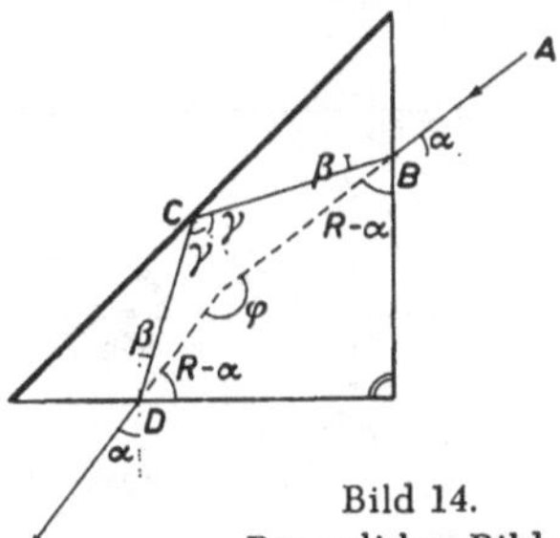

Bild 14. Bewegliche Bilder im Winkelprisma

Zweiter Fall: Der Lichtstrahl falle nahe der 100^g-Kante des Prismas ein; jetzt wird er nach Eintritt in den Glaskörper zunächst an der gegenüberliegenden Kathete total und dann an der Hypotenusenfläche einfach reflektiert.

Man findet durch Bilden der Winkelsumme

$$\text{im } \Delta KDC\text{: } \beta + \gamma = R/2$$
$$\text{im } \Delta KDE\text{: } \gamma + \delta = R/2.$$

Daraus folgt $\beta = \delta$.

Ist n der Brechungsindex, so ist $n = \sin\alpha : \sin\beta = \sin\varepsilon : \sin\delta$ und damit $\varepsilon = \alpha$. Da aber auch $\sphericalangle ESF = \alpha$ ist, gilt im ΔESF: $\varphi + (R—\alpha) + \alpha = 2R$ oder $\varphi = R$.

Der nach zweimaliger Reflexion austretende Strahl bildet demnach mit dem Einfallstrahl in jedem Falle einen rechten Winkel. Mit diesem festen Strahl kann infolgedessen wie mit dem Winkelspiegel ein rechter Winkel genommen und abgesetzt werden. Ein fester Strahl wird auch dann erhalten, wenn man den Strahl in der Nähe einer der Basiskanten eintreten läßt. Dann muß der austretende Strahl in der Nähe der Glaskante gesucht werden.

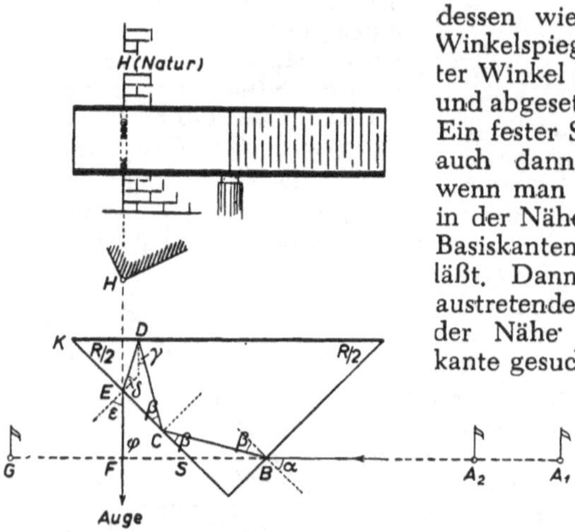

Bild 15. Feste Bilder im Winkelprisma.

22.32 Das *Fünfseitprisma* oder *Pentagon*, dessen Grundgedanke zuerst von Goulier angegeben ist, war ursprünglich als Vierseitprisma gedacht. Die fünfte Seite ist dadurch entstanden, daß, wie das rechte Bild erkennen läßt, eine Ecke abgeschnitten ist. Die beiden Längsseiten sind verspiegelt.

Die Theorie läßt sich aus dem Bilde ohne Mühe entnehmen. Das Gesichtsfeld ist größer als beim Dreiseitprisma, und die Bilder sind heller, weil bei dem nahezu senkrechten Einfall der Strahlen wenig Licht verlorengeht.

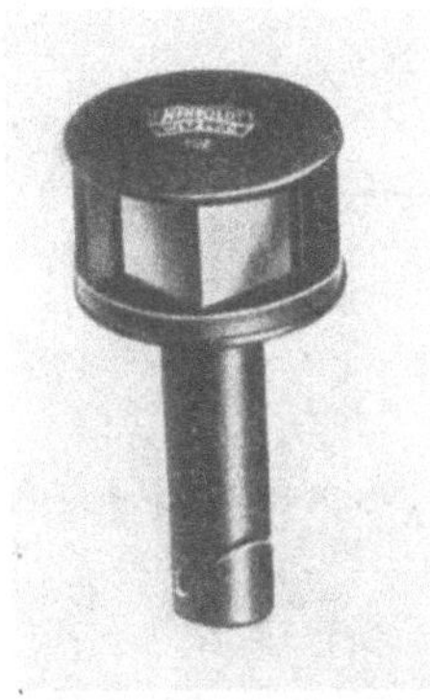

Bild 16. Fünfseitprisma.

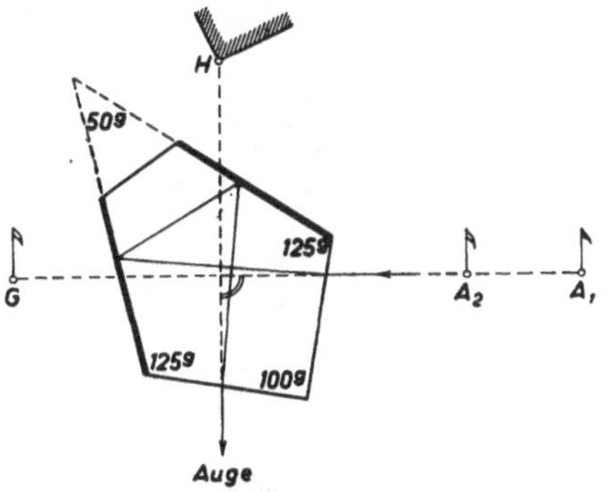

Bild 17. Strahlengang im Fünfseitprisma.

Günstig ist weiter, daß der Scheitelpunkt des rechten Winkels innerhalb des Glaskörpers liegt. Schließlich lassen sich Grund- und Deckfläche mit Spiegelbelag versehen, so daß auch Steilsichten möglich sind. Das Fünfseitprisma ist daher angenehmer im Gebrauch als das Dreiseitprisma.

22.33 Das *Wollastonprisma* geht ebenfalls auf ein Vierseitprisma zurück, bei dem die den rechten Winkel enthaltende Ecke abgeschnitten ist. Das Prisma hat keine verspiegelte Flächen; vielmehr wird der Strahl bei C und bei D total reflektiert. Da aber $\gamma + \delta = 150^g$ ist, muß $BC \perp DE$ sein, also auch Strahl $A_1 A_2 BF \perp EFH$. Die Absteckgenauigkeit entspricht der des Dreiseitprismas. Siehe Bild 18 S. 28.

Die Rechtwinkelprismen werden ebenso gebraucht wie die Winkelspiegel. Eine Justierungsmöglichkeit ist nicht vorhanden und auch nicht nötig, da die Schliffehler unter 2^c bleiben. Zu dem Fehler des Schliffs kommen bei freihändigem Gebrauch ein mittl. Zielfehler von $\pm$ 3 bis 4^c und ein mittl. Zentrierfehler von $\pm$ 2 cm, so daß beim Abstecken eines 30 m langen Lotes mit einer Genauigkeit von $\pm$ 3 cm beim Bauernfeindschen Prisma und von $\pm$ 2—3 cm beim

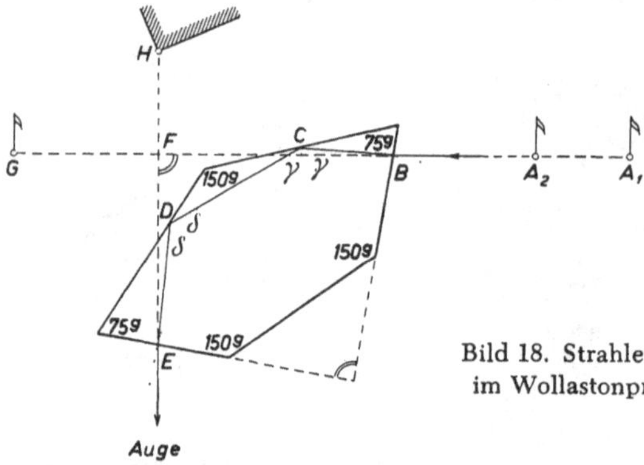

Bild 18. Strahlengang im Wollastonprisma.

Fünfseitprisma gerechnet werden kann. Bei Benutzung eines ausklinkbaren Lotstabes kann die Unsicherheit noch um $\pm$ 1 cm herabgedrückt werden.

22.4 Prismenkreuze bestehen aus zwei übereinander angeordneten Bauernfeindschen, Gouliersche oder Wollastonschen Prismen. Sie erlauben es, rechte und gestreckte Winkel abzustecken.

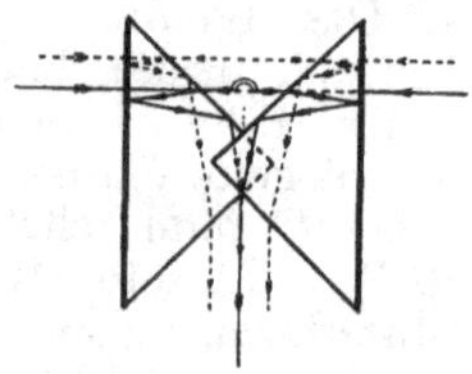

Bild 19. Strahlengang im Prismenkreuz.

Dreiseitprismen können auf verschiedene Weise kombiniert werden. Verbreitet ist die Bauart, deren Strahlengang nebenstehend skizziert ist.

Zwei kombinierte Fünfseitprismen werden als *Doppelpentagon* bezeichnet.

Bild 20. Doppelpentagon.

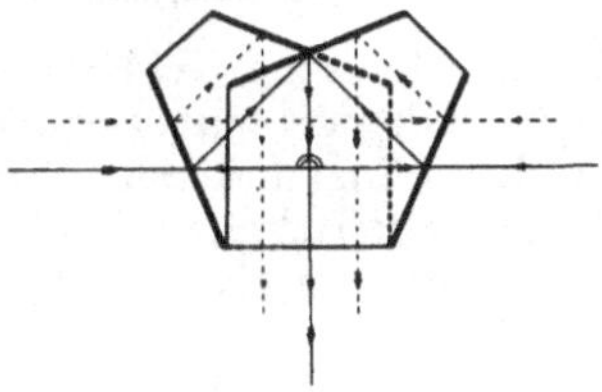

Bild 21.
Strahlengang im Doppelpentagon.

Günstige Lichtverhältnisse hat ein aus zwei Wollastonprismen zusammengesetztes Prismenkreuz, das unter der Bezeichnung *Kreuzvisier* in den Handel kommt.

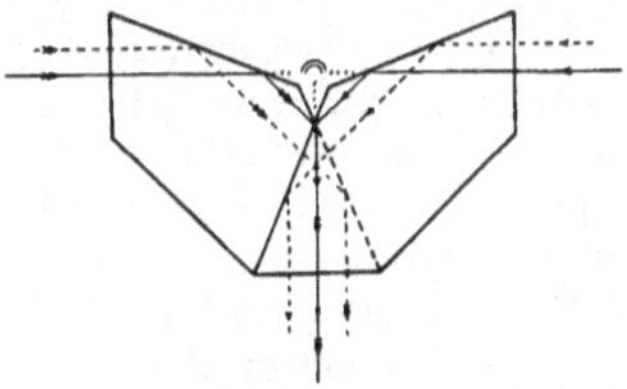

Bild 22.
Strahlengang im Kreuzvisier.

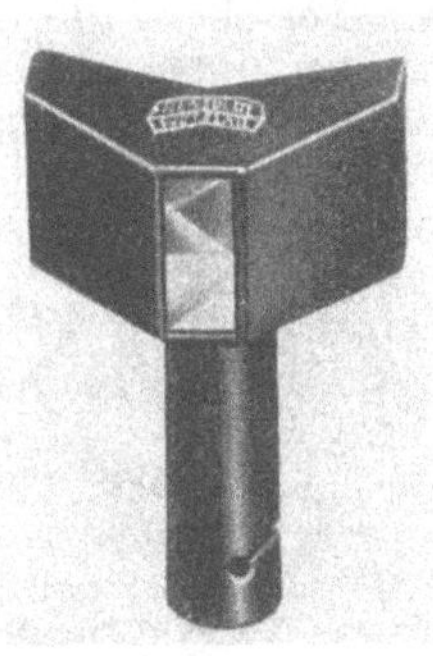

Bild 23. Kreuzvisier.

Mit Hilfe eines Prismenkreuzes kann ein Beobachter sich ohne Meßgehilfen in eine nur durch ihre Endpunkte bezeichnete Gerade einfluchten, indem er sich solange vor und zurück bewegt, bis die von den beiden Prismen erzeugten Bilder des Anfangs- und Endpunktes der Geraden übereinander liegen. Hinsichtlich der Schliff-, Ziel- und Zentrierfehler gilt dasselbe wie bei den Rechtwinkelsprismen. Im übrigen geht die Genauigkeit des Einfluchtens mit zunehmender Entfernung der beiden Endpunkte schnell zurück. Zweckmäßig macht man nach dem ersten Einrichten kehrt und wiederholt das Einrichten von der anderen Seite her.

23 Längenmessung mit Holzlatten

23.1 Beschreibung. Meßlatten werden nach DIN 3006 aus gut getrocknetem astreinem Kiefernholz in den Längen 3 oder 5 m gefertigt. Sie haben einen ovalen Querschnitt, dessen große Achse sich bei einer 5-m-Latte von etwa 5 cm in der Mitte auf etwa 3 cm an

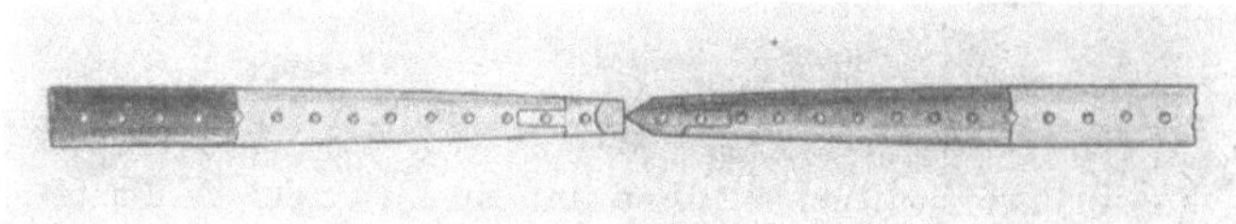

Bild 24. Schneidenlatten.

den Enden verjüngt. Die Enden sind mit eisernen Kappen versehen, die entweder ebene Endflächen (stumpfe Latten) oder um 100^g versetzte Schneiden (Schneidenlatten) besitzen. Zum Schutz gegen Feuchtigkeit werden die Latten mit guter Ölfarbe gestrichen, und zwar so, daß die Farben Schwarz und Weiß oder Weiß und Rot von Meter zu Meter wechseln. Die Dezimeter sind durch Farbringe oder Messingmarken bezeichnet. Die Zentimeter werden geschätzt.

Die Meßlatten werden paarweise verwandt. In der Regel hat man zwei Fünfmeterlatten, von denen die erste schwarz—weiß—schwarz—weiß—schwarz und die zweite weiß—rot—weiß—rot—weiß (oder umgekehrt) gestrichen ist. Benutzt man die beiden Latten in der angegebenen Reihenfolge, so sind die geraden Meter immer weiß, was einen gewissen Schutz gegen 1-m- und 5-m-Fehler bedeutet.

23.2 Das Messungsverfahren richtet sich nach dem Gelände:

23.21 In *ebenem Gelände* werden die Meßlatten in der ausgefluchteten Geraden sorgfältig aneinandergereiht. Ein Meßgehilfe faßt die erste — die schwarze — Latte am hinteren Ende, bringt sie, indem er das vordere Ende auf dem Boden wippen läßt, genau in die Meßrichtung und zieht sie an den Anfangspunkt der zu messenden Strecke heran. Dann bringt er die zweite — die rote — Latte in die Richtung und zieht sie vorsichtig an die erste heran. Nunmehr hebt er das vordere Ende der ersten Latte an, läßt die Latte durch beide Hände nach vorn gleiten und legt sie als dritte Latte an die zweite usf. Beim Aufnehmen der ersten Latte ruft er „5", beim Aufnehmen der zweiten „10", bei der dritten „15" usw., damit ihm immer die Anzahl der Meter, die „aufgenommen" sind, im Ohr klingt.

23.22 In *geneigtem Gelände* darf, wie einleitend erläutert worden ist, für die Längenmessung nur die horizontale Komponente in Ansatz gebracht werden. Man unterscheidet 3 Verfahren:

a) Bei der Staffelmessung werden zwei Latten benutzt, die von zwei Meßgehilfen bedient werden. Dabei wird das tiefere Ende einer Latte nach Augenmaß oder mit Hilfe einer Wasserwaage bis zur Horizontalen angehoben und auf das am Boden liegende Ende der anschließenden Latte abgelotet.

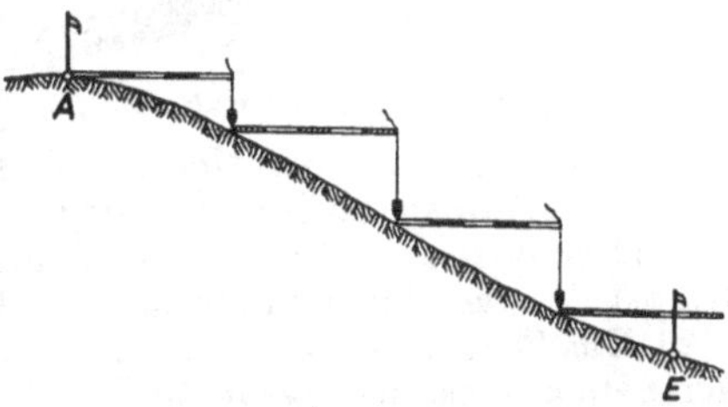

Bild 25. Staffelmessung.

Bergab mißt es sich leichter als bergauf. Jede genau zu bestimmende Strecke muß jedoch in beiden Richtungen gemessen werden, um Fehler im Endergebnis, die durch unbemerktes Bergabrutschen oder andere im gleichen Sinne wirkende Einflüsse hervorgerufen werden, zu eliminieren. Bei sehr steilem Gelände werden zweckmäßig 3 m-Latten und statt der Schnurlote Lotstäbe mit Dosenlibellen benutzt.

b) Bei dem Reduktionsverfahren werden Schneidenlatten flach auf dem Erdboden so aneinandergelegt, daß die Latten einander in den Achsen berühren. Ferner wird ein mit einem Gradbogen versehener Pendel- oder Libellenneigungsmesser in jeder Lattenlage auf die Mitte der Latte gesetzt, um den Neigungswinkel α zu bestimmen.

Für die Streckenmessung darf statt der Länge L der Latte nur der Betrag $L \cos \alpha$ in Ansatz gebracht werden. Daher ist von jeder Lattenlage das Stück $z = L - L \cos \alpha = 2\,L \sin^2 \alpha/2$ in Abzug zu bringen. z kann entweder mit dem Eingang α einer Tafel entnommen oder auch (z. B. beim Wimmerschen Neigungsmesser) unmittelbar am Instrument abgelesen werden.

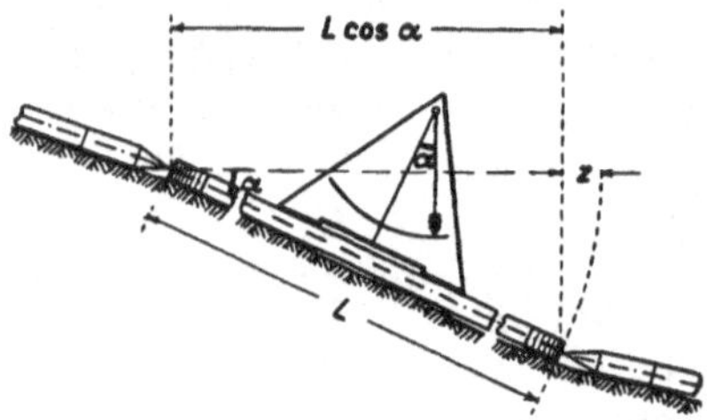

Bild 26. Reduktionsverfahren.

Zur Prüfung wird der Neigungsmesser auf eine schräg liegende Latte in beiden Richtungen aufgesetzt. Zeigen sich Differenzen, so ist das Gerät durch Verschieben der Gradskala oder durch Verdrehen der Libelle zu justieren.

c) Das Z u l e g e v e r f a h r e n benutzt man in mäßig geneigtem Gelände, wenn außer der Gesamtlänge der Strecke noch Zwischenmaße benötigt werden.

Wie beim Reduktionsverfahren werden die Latten flach auf den Boden gelegt. Zwischen zwei aufeinanderfolgenden Latten wird jedoch das Stück

$$z' = \frac{z}{\cos \alpha} = L\,(\sec \alpha - 1)$$

„zugelegt“, d. h. es bleibt ein kleiner Zwischenraum frei, um den Anfangspunkt der nächsten Latte an die Stelle zu bringen, die er beim Abloten erhalten würde.

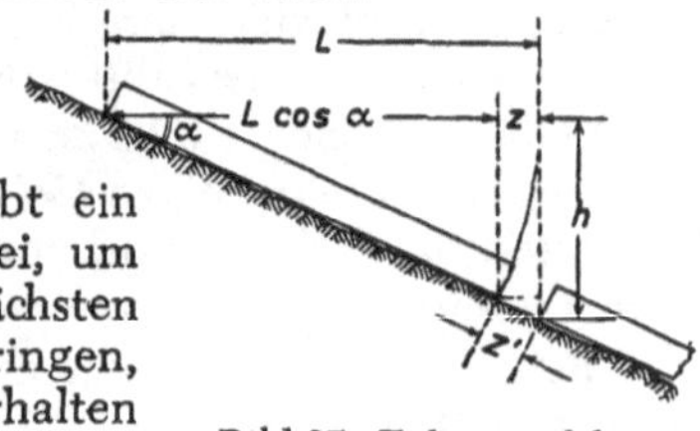

Bild 27. Zulegeverfahren.

Steht kein Neigungsmesser zur Verfügung, so ergibt bei schwach geneigten Strecken eine Überschlagsrechnung

$$h^2 = (L + z')^2 - L^2 = 2z'L + z'^2$$

$$z' = \frac{h^2}{2L} - \frac{z'^2}{2L} \approx \frac{h^2}{2L}.$$

Das unterdrückte Glied beträgt für $L = 5$ m und $h = 0{,}6$ m nur 0,1 mm. Nimmt man im verbleibenden Hauptglied h in Dezimetern und z' in Millimetern, so ist für 5-m-Latten $z'_{mm} = (h_{dm})^2$. Demgemäß gilt für Neigungen bis etwa 10 % die Regel: *Man messe oder schätze h in dm, quadriere den Betrag und erhält z' in mm.*

23.3 Gegenüberstellung der Verfahren. In ebenem Gelände liefern stumpfe und Schneidenlatten gleich gute Resultate; bei schwacher Neigung werden überraschend gute Ergebnisse mit Schneidenlatten und Neigungsmesser erzielt. In mittlerem Gelände sind Abloteverfahren und Reduktionsverfahren als gleichwertig anzusehen. In steilem Gelände kommt nur das Abloteverfahren, evtl. mit Staffelzeug, in Frage. Bei einiger Sorgfalt lassen sich in ebenem oder schwach geneigtem Gelände mittl. Fehler von ± 2 bis 3 cm auf 100 m unschwer erreichen.

24 Längenmessung mit Stahlmeßbändern

24.1 Einfache Stahlmeßbänder werden nach DIN 3007 in einer Länge von 20 m aus 20 mm breitem Bandstahl von 0,4 mm Stärke gefertigt. Die Bänder tragen an beiden Enden drehbare Endringe, die über Richtstäbe gestreift werden. Anfangs- und Endpunkt liegen in der Regel in der Mitte der Ringe bzw. der Richtstäbe. Volle Meter, Halbmeter und Dezimeter sind durch Messingplatten markiert. Zum Zählen der Bandlagen werden Zählnadeln aus starkem Stahldraht von 30 bis 40 cm Länge gebraucht. Zum Transport wird das Meßband auf einen Metallring aufgerollt.

Für die Bedienung sind zwei Meßgehilfen erforderlich, von denen einer den hinteren Richtstab an den Anfangspunkt der

Strecke hält. Der vordere Meßgehilfe richtet sich in die Gerade ein, spannt das Band, drückt seinen Richtstab senkrecht in den Boden und bezeichnet das Loch mit einer Zählnadel. Darauf setzen sich beide Meßgehilfen in Marsch, um die nächste Bandlage zu messen usf. Die Zahl der vom Hintermann aufgenommenen Nadeln ist gleich der Anzahl der vollen Bandlagen.

Ist das Gelände schwach — bis etwa 5 % — geneigt, so wird der Ring an dem tieferen Richtstab bis zur Horizontalen angehoben und das Band zweckmäßig in der Mitte unterstützt.

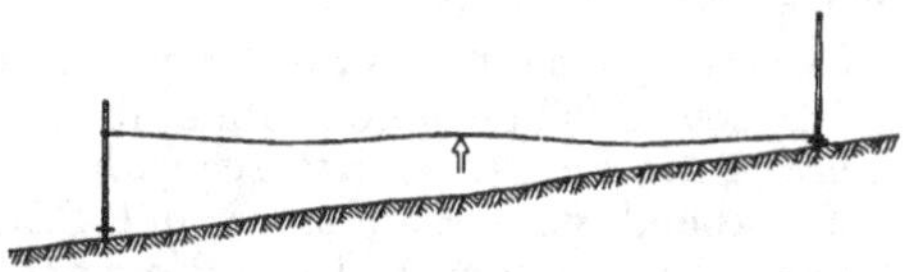

Bild 28. Bandmessung.

Bei stärker geneigtem Gelände mißt man mit aufliegendem Band und bestimmt die Geländeneigung mit einem Freihandhöhenmesser, den man neben einen der Richtstäbe hält, um den anderen in gleicher Höhe anzuzielen. Zur Reduktion auf die Horizontale ist von jeder Bandlage der Betrag $z = 20\,(1 - \cos\alpha)$ in Abzug zu bringen. Zweckmäßig sind Freihandhöhenmesser, die die Geländeneigung in % geben und mit einer Tafel versehen sind, die die zugehörigen z für ein 20-m-Band enthält.

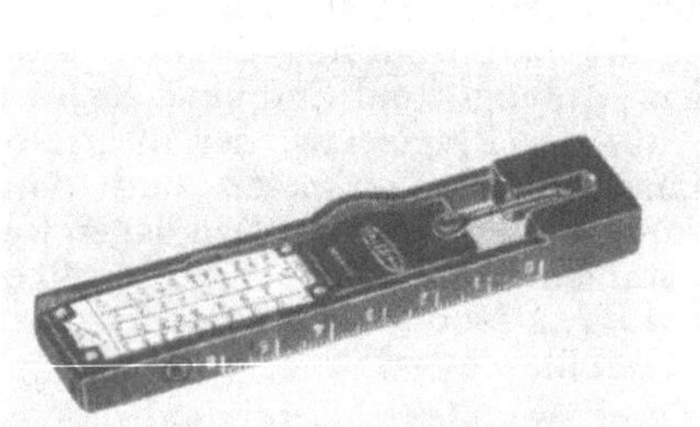

Bild 29. Freihandhöhenmesser.

z beträgt für	5	10	15	20	25	30 %
	3	10	22	39	60	84 cm.

1 % Neigungsfehler macht bei 30 % bereits 5 cm aus!

24.2 *Stahlmeßbänder mit Überteilung* sind einige Dezimeter länger als 20 m. Anfangs- und Endpunkt der 20-m-Strecke sind mit Marken oder Einkerbungen bezeichnet, die etwa 3 dm von den Endringen entfernt sind.

Bänder mit Überteilung werden meistens in Verbindung mit einem Spannungsmesser verwandt. Der Spannungsmesser wird an Stelle des Richtstabes am vorderen

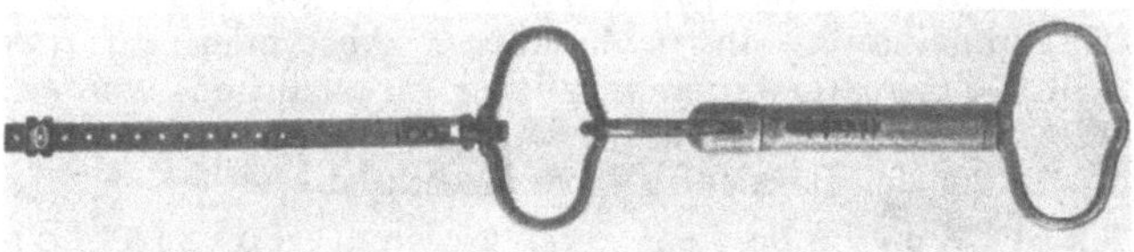

Bild 30. Meßband mit Überteilung und Spannungsmesser.

Bandende in einen Karabinerhaken eingehängt und mit der Hand so stark ausgezogen, bis ein Index die gewünschte Spannung, meistens 5 oder 10 kg, anzeigt.

Diese Messungsanordnung soll einseitige Fehleranhäufungen vermeiden; insbesondere sollen Fehler bekämpft werden, die durch zu schwaches oder zu starkes Spannen des Bandes hervorgerufen werden können.

24.3 *Rollbandmaße* werden gem. DIN 3014 ebenfalls aus Stahl gefertigt; sie sind etwas schmaler und nur halb so stark wie einfache Stahlmeßbänder. Sie haben eine eingeätzte Zentimeterteilung. Nach dem Gebrauch werden sie mit Handkurbeln aufgerollt. Man braucht sie in der Hauptsache für kürzere Strecken oder bei Bodenunebenheiten, wobei man beide Enden mit Schnurloten ablotet. Dieses Verfahren erfordert eine sehr ruhige Hand und viel Übung.

Rollbandmaße aus Leinen, auch mit Drahteinlagen, sind für Vermessungszwecke ungeeignet.

24.4 Gegenüberstellung von Latten- und Bandmessung. Die Bandmessung geht rascher vonstatten und ist weniger mühsam als die Lattenmessung. Die Bänder verlangen jedoch sorgfältige Pflege und Vorsicht im Gebrauch, da sie leicht brechen. Sie sind ferner von der Temperatur in höherem Grade abhängig als die Latten. In ebenem oder schwach geneigtem Gelände kann man mit mittl. Fehlern von ± 3 bis 4 cm auf 100 m rechnen.

25 Maßvergleich

Berücksichtigung von Temperatur und Spannung

Um einwandfreie Ergebnisse zu erzielen, müssen alle Längenmeßgeräte in regelmäßigen Abständen mit geeichten Prüfmeterstäben verglichen (abgeglichen) werden; bei Stahlbändern sind außerdem die Temperatur und die Spannung des Bandes zu berücksichtigen.

25.1 Zur Abgleichung von Holzlatten dient ein Lattenkomparator; er besteht in der einfachsten Ausführung aus einer glatten Bohle, auf der im Abstand von etwa 5,01 m zwei Stahlschneiden in der aus dem nachstehenden Bild ersichtlichen Weise befestigt sind.

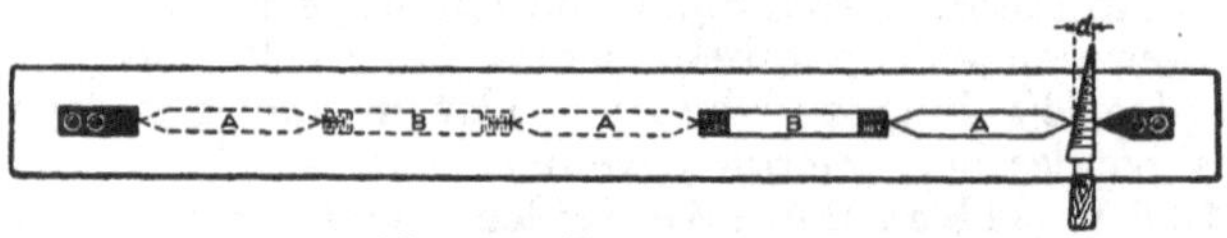

Bild 31. Meßlattenabgleichung.

Der Abstand der Schneiden wird mit zwei geeichten Prüfmeterstäben mit schneidenförmigen Enden nach DIN 3009 und einem Meßkeil nach DIN 3011 bestimmt, der eine Ablesung auf 0,01 mm gestattet.

Anschließend wird die zu vergleichende Latte zwischen den Schneiden eingelegt, und es wird mittels des Meßkeils die Differenz Schneidenabstand minus Lattenlänge bestimmt.

B e i s p i e l : Abgleichung von 5-m-Latten. Gleichungen der Normalmeter:

$$\text{Stab A} = 1\,\text{m} + 0{,}15\,\text{mm} + 0{,}0115\,(t - 20^\circ)\,\text{mm},$$
$$\text{Stab B} = 1\,\text{m} + 0{,}07\,\text{mm} + 0{,}0115\,(t - 20^\circ)\,\text{mm}.$$

Länge der Stäbe bei Abgleichungstemperatur $t = 16^\circ$ C:

$$A = 1\,\text{m} + 0{,}10\,\text{mm};\quad B = 1\,\text{m} + 0{,}02\,\text{mm}.$$

Zweimalige Messung der Komparatorlänge K_5:

$$1.\quad 3A + 2B + d_1 = 5\,\text{m} + 0{,}34\,\text{mm} + 9{,}10\,\text{mm},$$
$$2.\quad 2A + 3B + d_2 = 5\,\text{m} + 0{,}26\,\text{mm} + 9{,}20\,\text{mm}.$$

Mittel aus 1. und 2.: $K_5 = 5\,\text{m} + 9{,}45\,\text{mm}$.

Abgleichung der 5-m-Latten:

$$L_r = K_5 - d_r = 5\,\text{m} + (9{,}45 - 8{,}30)\,\text{mm} = \underline{5\,\text{m} + 1{,}15\,\text{mm}},$$
$$L_s = K_5 - d_s = 5\,\text{m} + (9{,}45 - 8{,}83)\,\text{mm} = \underline{5\,\text{m} + 0{,}62\,\text{mm}}.$$

Bei feinsten Messungen werden die Latten vor und nach der Messung verglichen. Für weniger feine Arbeiten genügt die Überprüfung im Abstand von 1 bis 2 Monaten. Änderungen in der Lattenlänge werden in erster Linie durch Änderung des Feuchtigkeitsgehaltes hervorgerufen. Im allgemeinen pflegen die Latten, die im Winter auf einem trockenen Speicher gelegen haben, durch die Feuchtigkeitsaufnahme während der sommerlichen Arbeitsperiode zu wachsen. Die Einwirkung der Temperatur auf Holzlatten ist so gering, daß sie meistens vernachlässigt werden kann.

25.2 D i e A b g l e i c h u n g v o n S t a h l m e ß b ä n d e r n kann mit einer für die meisten Fälle ausreichenden Genauigkeit in der Weise vorgenommen werden, daß eine etwa 100 m lange Vergleichsstrecke mit abgeglichenen Latten scharf bestimmt und dann mindestens einmal in jeder Richtung mit dem abzugleichenden Band gemessen wird. Die Gegenüberstellung der Ergebnisse liefert die Bandkorrektur; diese bezieht sich dann auf das ganze Gerät, d. h. auf das Band u n d die Richtstäbe.

Für genauere Messungen ist ein Meßbandkomparator nicht zu entbehren. Dazu wird zweckmäßig an einer Gebäudewand (möglichst im Innern eines ausgetrockneten festen Gebäudes) in etwa 1,20 m Höhe eine kräftige Meßbank von der Länge der zu prüfenden Bänder angebracht. Bei einfachster Ausführung wird der Anfang der Komparatorstrecke durch eine Metallplatte mit einem senkrecht zur Meßrichtung verlaufenden Strich, das Ende durch eine Metallplatte mit einer Millimeterteilung bezeichnet. Außerdem sind an den Enden Vorrichtungen zum Festhalten bzw. zum Spannen der Bänder vorzusehen. Der Abstand zwischen der Anfangsmarke und dem Nullstrich der Endmarke wird ebenso gemessen wie der Schneidenabstand beim Lattenkomparator. Das Band wird mit derselben Spannung eingelegt wie bei der Feldarbeit.

Das so gewonnene Ergebnis gilt für die Bandtemperatur im Augenblick der Eichung; es ist also noch auf die Normaltemperatur 20° C umzurechnen. Dabei kann der Ausdehnungskoeffizient für Stahl genau genug mit $11{,}5 \cdot 10^{-6}$ je Meter und Grad Celsius angenommen werden.

B e i s p i e l : Abgleichung eines 20-m-Meßbandes.
Komparatorlänge: $K_{20} = 20\text{ m} + 1{,}08\text{ mm}$.

Abgleichung des Meßbandes bei 5 kg Zug und der Abgleichungstemperatur $t = 16°$ C:

$L_{20} = K_{20} + d = 20\text{ m} + 1{,}08\text{ mm} - 1{,}5\text{ mm} = 20\text{ m} - 0{,}42\text{ mm}$.

Länge des 20-m-Bandes bezogen auf 20° C:

$L_{20} = 20\text{ m} + 0{,}50\text{ mm} + 20 \cdot 0{,}0115\,(t - 20°)\text{ mm}$.

Bei 10° Temperaturzuwachs dehnt ein 20-m-Band sich um 2,3 mm aus, d. h. eine Strecke von 100 m würde um 11,5 mm zu kurz erhalten werden. Diese Beträge dürfen schon bei Messungen mittlerer Genauigkeit nicht vernachlässigt werden. Für den praktischen Gebrauch entwirft man sich zweckmäßig eine Tabelle, die die Länge des Bandes oder die Reduktion für eine 100-m-Strecke bei 0°, 5°, 10° ··· 35° C angibt. Im Freien läßt die Bandtemperatur sich nur verhältnismäßig unsicher bestimmen. Bei bedecktem Himmel pflegt man die mit einem Schleuderthermometer gemessene Lufttemperatur in die Rechnung einzuführen. Bei Sonneneinstrahlung erzielt man bessere Ergebnisse, wenn ein Körperthermometer an das Band geklemmt wird. Trotzdem muß mit Temperaturfehlern von ± 5° C gerechnet werden, die auf 100 m eine Längenunsicherheit von 6 mm zur Folge haben!

26 Genauigkeit der Längenmessung

26.1 Das Fehlergesetz der Längenmessung. Die Fehler der Längenmessung treten teils regelmäßig, teils unregelmäßig auf. Zu den regelmäßig wirkenden Fehlern gehören unrichtige Länge der Meßgeräte, Ausweichen aus der Geraden und aus der Horizontalen, Durchbiegung der Latten, Bergabrutschen der Latten usw. Unregelmäßige Fehler entstehen u. a. beim Aneinanderlegen der Latten und Aneinanderreihen der Bänder, beim Abloten am Anfangs- und beim Ablesen am Endpunkt.

Die unregelmäßigen Fehler wachsen gemäß 14.4 (13) mit der Wurzel aus der Strecke, die regelmäßigen mit der Strecke selbst. Fügt man noch ein Glied für Anhalte- und Ablesefehler hinzu, so hat man zur Berechnung des mittleren Fehlers bei der Messung einer Strecke s den Ansatz

$$m_s = a\sqrt{s} + b\,s + c\,.$$

26.2 Fehlergrenzen. Aufbauend auf diesem Ansatz und auf jahrzehntelangen Erfahrungen haben die staatlichen Vermessungsverwaltungen in Deutschland die untenstehenden in m ausgedrückten Fehlergrenzen für die Längenmessung bei der Stückvermessung unter günstigen (I), mittleren (II) und ungünstigen (III) Verhältnissen festgelegt.

$$D_{\mathrm{I}} = 0{,}008\sqrt{s} + 0{,}0003\,s + 0{,}05\,,$$

$$D_{\mathrm{II}} = 0{,}010\sqrt{s} + 0{,}0004\,s + 0{,}05\,,$$

$$D_{\mathrm{III}} = 0{,}012\sqrt{s} + 0{,}0005\,s + 0{,}05\,.$$

Diese entsprechen wie in 14.5 begründet ist, dem 3- bis 4fachen Betrag des zu erwartenden mittleren Fehlers. Einige Hauptwerte sind in der nebenstehenden Tabelle errechnet. Für Messungen zur Bestimmung von Festpunkten gelten Fehlergrenzen, die um ein reichliches Drittel enger sind.

s	D_{I}	D_{II}	D_{III}
20	0,09	0,10	0,11
50	0,12	0,14	0,16
100	0,16	0,19	0,22
200	0,22	0,27	0,32
500	0,38	0,47	0,57

3 Aufnehmen und Auftragen kleiner Lagepläne

31 Flächenaufnahmen mit Längenmeß- und Rechtwinkelgeräten

31.1 Aufnahmeverfahren. Eine Fläche aufnehmen (aufmessen, vermessen) heißt, an Ort und Stelle soviel Maße (Strecken und Winkel) messen, wie zum Auftragen (Zeichnen, Kartieren) eines maßstäblichen Lageplanes notwendig sind. Bei größeren Arbeiten müssen die Winkel mit dem Theodoliten gemessen werden; solche Aufnahmen werden in Vermessungskunde II (Slg. Göschen, Bd. 469) beschrieben. Für kleinere Flächen genügen Aufnahmen mit Längenmeß- und Rechtwinkelgeräten; Aufnahmen dieser Art werden als Stückvermessung bezeichnet.

Man unterscheidet bei der Stückvermessung zwei Verfahren, das Rechtwinkelverfahren (Orthogonalverfahren, Koordinatenverfahren) und das Einbindeverfahren.

31.11 Beim *Rechtwinkelverfahren* wird durch die aufzunehmende Fläche eine Messungslinie als Abszissenachse gelegt, auf der die Brechpunkte der Grenzen, die Ecken der Häuser und die anderen aufzunehmenden Gegenstände mit Hilfe eines Rechtwinkelgerätes aufgewinkelt werden. Alsdann werden die Fußpunkte auf der Abszissenachse eingemessen und die Längen der Ordinaten bestimmt, womit jeder Punkt durch rechtwinklige Koordinaten eindeutig festgelegt ist.

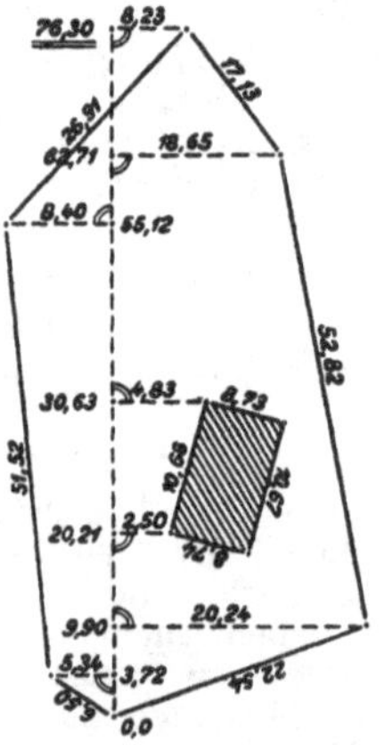

Bild 32. Rechtwinkelverfahren.

31.12 Beim *Einbindeverfahren* spannt man über die aufzunehmende Fläche einen aus Dreiecken aufgebauten

Rahmen von Grenz- oder Messungslinien und bindet in diesen Rahmen die übrigen Grenzstrecken, die Umringslinien der Häuser u. a. m. ein, indem man sie bis zum Schnitt mit den Rahmenseiten verlängert und die Schnittpunkte einmißt. Die Gegenstände im Innern der Fläche werden entsprechend in nachgeordnete Messungslinien eingebunden.

Bei größeren Stückvermessungen kommen beide Verfahren zur Anwendung. Man braucht das Einbindeverfahren, wenn gleichmäßige Grundstücksformen überwiegen. Bei unregelmäßigen Grenzzügen ist das Rechtwinkelverfahren bequemer. Dieses hat noch den weiteren Vorteil, daß die Grundstücksflächen sich unmittelbar aus den Feldmaßen ableiten lassen. Meistens werden beide Grundstücksformen nebeneinander vorkommen. Dann legt man zweckmäßig an die Außengrenzen des aufzunehmenden Gebiets ein aus Grenz- und Messungslinien gebildetes Rahmennetz, verdichtet es durch Messungslinien im Innern des Gebiets und bindet in dieses Aufnahmenetz geradlinig verlaufende Grenzen, lange Hausfluchten usw. ein, während gebrochene Grenzzüge auf passend ausgewählte Messungslinien aufgewinkelt werden. Dabei sollen die aufzunehmenden Gegenstände durch kurze Ordinaten und kurze nahezu rechtwinklig einmündende Verlängerungen mit möglichst wenig Messungszahlen erfaßt werden; gleichzeitig sind wirksame Kontrollmaße einzubauen.

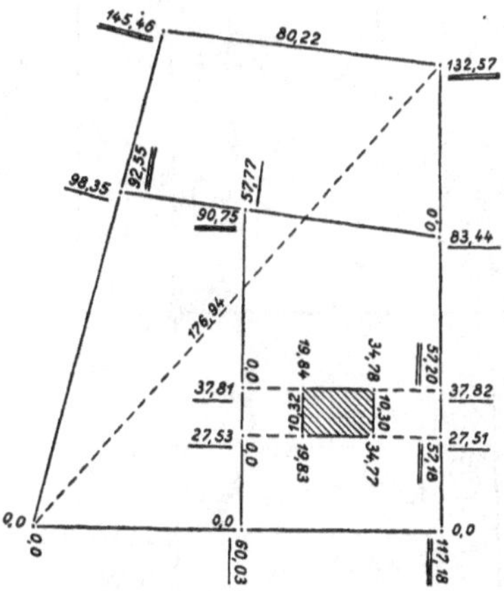

Bild 33. Einbindeverfahren.

Kontrollmaße sollen grobe Aufnahmefehler unterbinden, oder zumindest sie spätestens bei der Kartierung aufdecken. In Frage kommen hierfür die Strecken zwischen zwei benachbarten Grenzmarken (Steinbreiten),

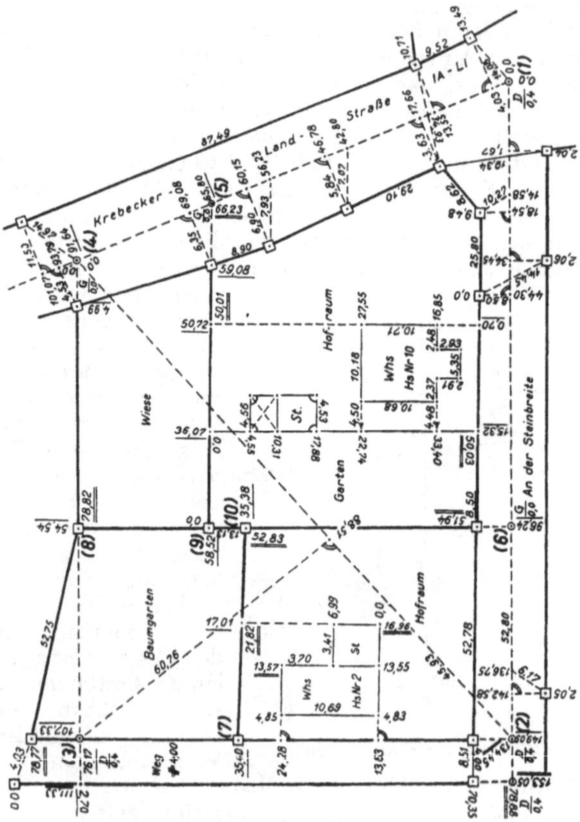

Bild 34. Handriß.

insbesondere an den Schmalseiten der Grundstücke (Kopfmaße), Umringsmaße von Gebäuden; seltener Diagonalen oder Streben, die eine Ordinate seitlich abstützen. Grundsätzlich sollen die Brechpunkte der Eigentumsgrenzen — bei Aufnahmen für technische Zwecke die wichtigsten Punkte des Projekts — durch Messungsproben gesichert werden. Bild 34 gibt ein Beispiel für eine mit Kontrollen versehene Stückvermessung, bei der das Einbindeverfahren und das Rechtwinkelverfahren nebeneinander angewandt sind.

31.2 Aufnahmegegenstände bei der Stückvermessung sind Eigentums-, Grundstücks- und Kulturgrenzen mit den sie begleitenden Mauern, Zäunen und Gräben; ferner Straßen, Wege, Wasserläufe und Eisenbahnen nebst allen Erd- und Kunstbauten, schließlich Gebäude jeder Art und wichtige topographische Gegenstände wie Hydranten, Lichtmaste, Wegweiser, Schranken, Ferngas- und Hochspannungsleitungen u. a. m.

Man merke im einzelnen:

a) Bei Gebäuden wird in der Regel das aufsteigende Mauerwerk an zwei oder drei Ecken durch rechtwinklige Abstände oder Verlängerungen festgelegt; alle übrigen Punkte werden durch Umfangsmaße bestimmt. Der Verwendungszweck der Gebäude ist durch Zusatz wie Wohnhaus, Werkstatt, Schuppen, Fabrikgebäude usw. zu erläutern.

b) Bei freien Flächen wird die Nutzungsart wie Hofraum, Garten, Acker, Wiese usw. eingeschrieben.

c) Bei Straßen und Wegen sind die Begrenzungen der Fahrbahnen sowie Radfahrwege, Fußwege, Straßengräben usw. einzumessen; ferner ist ihre Klassifikation anzugeben.

d) Bei Wasserflächen sind die Uferlinie, Böschungsgrenzen und Uferbauten mit aufzunehmen. Ihre Art, ob Fluß, Kanal, Bach usw., und gegebenenfalls der Name des Gewässers wird vermerkt.

e) Bei Geleisen genügt, solange es sich nicht um spezielle Bahnmessungen handelt, die Aufnahme der Gleisachsen; von Wichtigkeit sind dabei in erster Linie die Bogenanfänge, Bogenenden und Gleiswechsel; daneben Stellwerke, Signalvorrichtungen usw.

f) Scharf gekennzeichnete Punkte wie Mauerecken, Grenzsteine usw. sind auf Zentimeter, alle übrigen Punkte auf

Dezimeter abzulesen und in den „Handriß" einzuschreiben. Krumme Linien werden als gebrochener Linienzug aufgemessen.

31.3 Handrißführung. Der Handriß ist eine einigermaßen maßstäbliche Skizze des aufzunehmenden Gebiets, in die alle Messungslinien eingezeichnet und alle Messungszahlen im Felde eingetragen werden. Zweckmäßig nimmt man dafür guten Zeichenkarton oder pergamentartiges reiß- und regenfestes Papier, das man in einen Feldbuchrahmen mit fester Unterlage einlegt und mit einem nicht zu weichen unverwischbaren Bleistift beschreibt. Bei der Führung der Handrisse halte man sich an folgende auch im Bild 34 beachtete Regeln:

a) Jeder angemessene Punkt wird im Handriß durch einen Punkt bezeichnet. Grenzpunkte erhalten, wenn sie vermarkt sind, eine Signatur, die die Art der Vermarkung (Grenzstein, Rohr, Pfahl usw.) kennzeichnet; vermarkte Einbindepunkte werden durch einen kleinen Kreis hervorgehoben, wobei die Buchstaben wie *D, G, Pf* usw. die Vermarkung durch Dränrohr, Gasrohr, Pfahl usw. anzeigen.

b) Grenzstrecken und Gebäudeseiten werden voll ausgezogen, Messungslinien gestrichelt.

c) Die Maßzahlen auf den Messungslinien werden vom Anfangs- bis zum Endpunkte durchlaufend quer zur Messungslinie eingetragen, und zwar, wenn Messungslinien oder Ordinaten abgehen oder Fluchten einmünden, auf der freien Seite der Messungslinie. Die Maße für die Einbindepunkte werden einmal, die Endmaße der Messungslinien doppelt unterstrichen.

d) Die Längen der Ordinaten werden neben den angewinkelten Punkt oder auch auf die Mitte der Ordinate geschrieben.

e) Zwei Viertelkreise kennzeichnen einen mit einem Rechtwinkelinstrument bestimmten rechten Winkel; eine Pfeilspitze bedeutet eine Verlängerung; das Geradheitszeichen — ein Halbkreis — zeigt an, daß eine Grenzlinie an dieser Stelle keinen Brechpunkt aufweist.

f) Der Handriß muß so geführt werden, daß er von jedem Sachverständigen zur weiteren Verarbeitung der Aufnahme ohne Rückfragen verwertet werden kann.

32 Einfache Koordinatenrechnungen

Auf die Feldaufnahme folgen die Herstellung eines maßstäblichen Plans und die Flächenberechnung. Diese beiden Arbeitsgänge werden sehr erleichtert — bei größeren Objekten überhaupt erst ermöglicht —, wenn für die wichtigsten Messungs- und Grenzpunkte rechtwinklige Koordinaten vorliegen. Im großen wird die Koordinatenrechnung erst bei der trigonometrischen Punktbestimmung in Vermessungskunde Teil II (Slg. Göschen, Bd. 469) besprochen werden. Hier werden lediglich einige einfache Koordinatenrechnungen vorweggenommen.

32.1 Das geodätische Koordinaten-System ist rechtsläufig angeordnet. Die positive x-Achse (Abszissenachse) zeigt nach Norden, die positive y-Achse (Ordinatenachse) nach Osten, so daß die Quadranten die aus dem Bild zu entnehmende Reihenfolge haben. Solche Systeme sind allen größeren Landesvermessungen zugrunde gelegt. Bei Kleinaufnahmen kann hiervon abgewichen und eine geeignete Messungslinie als x-Achse gewählt werden.

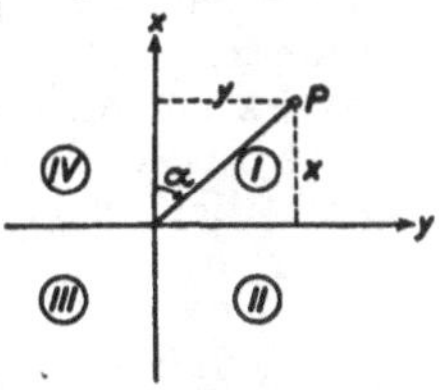

Bild 35. Geodätisches Koordinatensystem.

32.2 Berechnung von Höhe und Höhenfußpunkt. Sind in einem Dreieck die 3 Seiten gegeben, so ist nach dem nachstehenden Bild

$$b^2 - p^2 = c^2 - q^2 = h^2. \tag{1}$$

Eine einfache Zwischenrechnung führt auf die Gleichungen

$$\frac{p+q}{2} = \frac{a}{2} = \frac{a^2}{2a} \tag{2}$$

$$\frac{p-q}{2} = \frac{(b+c)(b-c)}{2a} = \frac{b^2-c^2}{2a}, \tag{3}$$

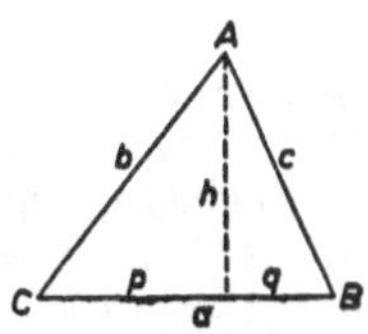

Bild 36.

die bei Addition das Stück p, bei Subtraktion das Stück q ergeben. h kann zweimal (d.h. mit Probe) aus (1) abgeleitet werden. Liegt h außerhalb des Dreiecks, so ist das Vorzeichen von p und q zu beachten.

Beispiel: Im Bild 34 ist in dem Dreieck mit den Eckpunkten (1) (2) (4) $a = 149{,}05$ m; $b = 134{,}45$ m; $c = 91{,}64$ m. Damit ergeben die obigen Formeln $p = 107{,}02$ m; $q = 42{,}04$ m; $h = 81{,}42$ m. Wählt man die Seite (1)—(2) als Abszissenachse mit dem Nullpunkt in (1), so ist

$$x_1 = 0{,}00 \qquad x_4 = +42{,}04 \qquad x_2 = +149{,}05,$$
$$y_1 = 0{,}00 \qquad y_4 = +81{,}42 \qquad y_2 = \quad 0{,}00.$$

32.3 Berechnung von Kleinpunkten. Unter Kleinpunkten werden Bindepunkte im Liniennetz verstanden, für die Koordinaten berechnet sind. Gesucht seien im nachstehenden Bild die Koordinaten der Kleinpunkte (1) und (2), die auf der Verbindungslinie der bereits bei einer früheren Vermessung koordinierten Punkte A und E eingemessen sind. Die Messung ergab für die Teilstrecken die Maße Δs_1, $\Delta s_2 \ldots \Delta s_e$, für die Gesamtstrecke das Maß $s = [\Delta s_i]$.

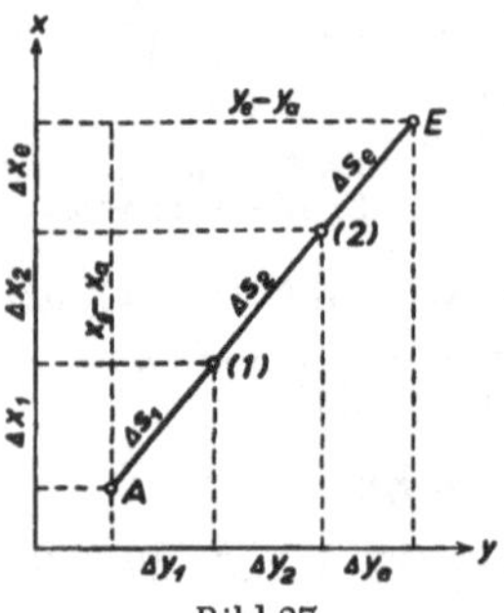

Bild 37.

Um sowohl das Maß s wie die Koordinaten von A und E zu prüfen, wird aus den Koordinaten von A und E die Sollänge

$$S = \sqrt{(x_e - x_a)^2 + (y_e - y_a)^2} \qquad (4)$$

berechnet und mit dem Messungsergebnis s verglichen. Dabei wird infolge der unvermeidlichen Messungsungenauigkeiten eine Differenz $d = S - s$ auftreten, die die in 26.2 gegebenen Fehlergrenzen nicht überschreiten darf. Um diese Differenz für die Rechnung zu beseitigen, wird angenommen, es seien die durch die Messung erhaltenen Werte s und Δs_i durch Multiplikation mit dem Maßstabsfaktor S/s in die Sollwerte S und ΔS_i überführt; dann ergibt sich an Hand des Bildes zur Berechnung der den Teilstrecken entsprechenden Koordinatenunterschiede Δy_i und Δx_i der einfache Proportionalansatz

$$\Delta y_i = \frac{y_e - y_a}{S} \Delta S_i ; \qquad \Delta x_i = \frac{x_e - x_a}{S} \Delta S_i .$$

Es ist aber $S = s \cdot S/s$ und $\Delta S_i = \Delta s_i \cdot S/s$. Die vorstehenden Ausdrücke lassen sich daher umbilden in

$$\Delta y_i = \frac{y_e - y_a}{s} \Delta s_i ; \quad \Delta x_i = \frac{x_e - x_a}{s} \Delta s_i , \tag{5}$$

worin S und ΔS_i nicht mehr auftreten. Setzt man dann

$$o = \frac{y_e - y_a}{s} \quad \text{und} \quad a = \frac{x_e - x_a}{s} , \tag{6}$$

so erhält man die Koordinaten der Punkte (1) und (2) nach den Formeln

$$\left.\begin{aligned} y_1 &= y + o\,\Delta s_1 & x_1 &= x + a\,\Delta s_1 \\ y_2 &= y_1 + o\,\Delta s_2 & x_2 &= x_1 + a\,\Delta s_2 \\ y_e &= y_2 + o\,\Delta s_e & x_e &= x_2 + a\,\Delta s_e . \end{aligned}\right\} \tag{7}$$

Die letzte Zeile dient lediglich der Kontrolle: y_e und x_e müssen mit ihren Sollwerten bis auf Abrundungsfehler herauskommen.

B e i s p i e l : Berechnung der Koordinaten des im Bild 34 auf der Strecke (3) — (4) liegenden Kleinpunktes (8) nach den Gleichungen (4), (6) und (7). Mit den in der nachstehenden Tabelle eingetragenen Koordinaten von Punkt (4) $\equiv A$ und Punkt (3) $\equiv E$ findet man

$$S = \sqrt{(x_e - x_a)^2 + (y_e - y_a)^2} = 107{,}38 \text{ m}$$

$s = 107{,}33$ m (gemessen); $d = S - s = 0{,}05$ m; zulässig 0,16 .

$$o = \frac{y_e - y_a}{s} = -0{,}0488 ; \qquad a = \frac{x_e - x_a}{s} = +0{,}9993 .$$

Pkt.	Strecken Δs_i	y_i $\Delta y_i = o \cdot \Delta s_i$	x_i $\Delta x_i = a \cdot \Delta s_i$	Bemerkung
(4)	54,54	+81,42 − 2,66	+ 42,04 + 54,50	≡ A
(8)	52,79	+78,76 − 2,58	+ 96,54 + 52,75	
(3)	[107,33]	+76,18	+149,29	≡ E

32.4 Berechnung seitwärtsliegender Punkte. In nachstehendem Bild ist Punkt P durch das im Fußpunkt F errichtete Lot h festgelegt. Dann läßt sich, wenn man den Reduktionsfaktor S/s auch an h angebracht denkt, an der Figur ablesen:

$$y_p - y_f = \frac{x_e - x_a}{s} h = + a \cdot h \qquad (8)$$

$$x_p - x_f = - \frac{y_e - y_a}{s} h = - o \cdot h .$$

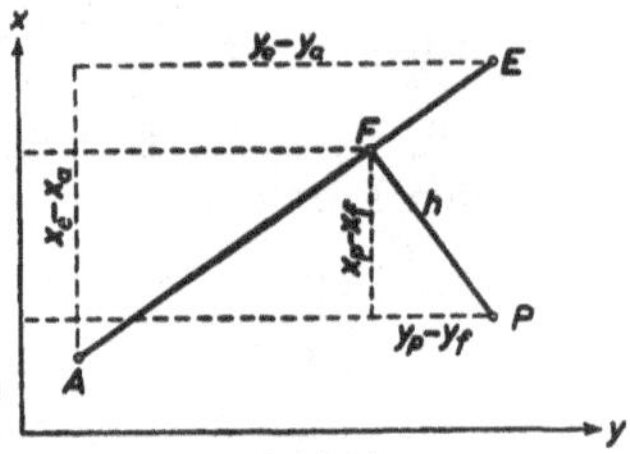

Bild 38.

Man hat demnach, um die Koordinaten von P zu erhalten, zunächst die Koordinaten von F auf AE gemäß Gl. (7) zu errechnen und dann die nach Gl. (8) erhaltenen Koordinatenunterschiede zwischen F und P zu den Koordinaten von F hinzuzuzählen. Dabei ist h positiv oder negativ einzusetzen, je nachdem, ob P in der Meßrichtung rechts oder links der Linie AE liegt.

Beispiel: Berechnung der Koordinaten des im Bild 34 auf die Messungslinie (4) — (2) aufgewinkelten Punktes (3) nach den Gl. (4), (6), (7), (8).

Mit Punkt (4) ≡ A und Punkt (2) ≡ E findet man

$$S = \sqrt{(x_e - x_a)^2 + (y_e - y_a)^2} = 134{,}46 \text{ m}$$

$s = 134{,}45$ m (gemessen); $d = S - s = 0{,}01$ m; zulässig 0,18 m

$$o = \frac{y_e - y_a}{s} = -\,0{,}6056; \quad a = \frac{x_e - x_a}{s} = +\,0{,}7959\,.$$

Pkt.	Strecken Δs_i	h	y_i / Δy_i	x_i / Δx_i	Bemerk.	Rechenformeln
(4)			+81,42	+ 42,04	≡ A	$\Delta y_i = o \cdot \Delta s_i$
	88,51		−53,60	+ 70,45		$\Delta x_i = a \cdot \Delta s_i$
			+27,82	+112,49	≡ F	$\Delta y_i = + a \cdot h$
		+60,76	+48,36	+ 36,80		$\Delta x_i = - o \cdot h$
(3)			+76,18	+149,29	≡ P	$\Delta y_i = + a \cdot h$
		−60,76	−48,36	− 36,80		$\Delta x_i = - o \cdot h$
			+27,82	+112,49	≡ F	$\Delta y_i = o \cdot \Delta s_i$
	45,94		−27,82	+ 36,56		$\Delta x_i = a \cdot \Delta s_i$
(2)	[134,45]		0,00	149,05	≡ E	

32.5 P r ü f u n g d e s L i n i e n n e t z e s. Die Koordinatenmethode gibt die Möglichkeit, nach Gl. (4) jede Strecke im Liniennetz zu berechnen, für deren Endpunkte Koordinaten ermittelt sind. Vergleicht man dann die berechneten mit den gemessenen Maßen, so hat man eine unabhängige Probe für die Richtigkeit der Messung. Messungsfehler werden infolgedessen in einem richtig aufgebauten Liniennetz mit einer an Sicherheit grenzenden Wahrscheinlichkeit rechtzeitig aufgedeckt.

B e i s p i e l : Prüfung der Messungslinien im Bild 34

Strecke	aus Koord. gerechn.	gemessen	Diff.	zul.
(6)—(8)	78,76	78,82	− 0,06	0,14
(7)—(10)	52,79	52,83	− 0,04	0,12
(5)—(9)	66,26	66,23	+ 0,03	0,13

33 Auftragen eines Lageplanes

33.1 Maßstab und Zeichenträger eines Lageplans werden durch den jeweiligen Zweck der Aufnahme bedingt. Gebräuchliche Maßstäbe für kleinere Lagepläne sind 1 : 250, 1 : 500, 1 : 1000. Als Zeichenträger für Baupläne und sonstige einfache Zeichnungen von begrenzter Lebensdauer empfiehlt sich, zumal wenn Lichtpausen benötigt werden, transparentes Papier. Für Zeichnungen, bei denen größere Anforderungen an Maßhaltigkeit und Dauer gestellt werden, nimmt man Zeichenkarton und bei höchsten Anforderungen Zeichenkarton mit Aluminiumeinlage. Maßhaltig und transparent zugleich sind einzelne Folien wie z. B. das Astralon; dabei muß jedoch, damit die Zeichnung gut haftet, eine Spezialtusche verwendet werden. Eine vielversprechende Neuerung ist das sogenannte Ritzverfahren, bei dem die Zeichnung mit einem Stichel in eine auf einem durchsichtigen maßhaltigen Träger (Astralon, Glas) aufgetragene Schicht geritzt wird.

Als Handwerkszeug für kleinere Reinzeichnungen auf Karton oder Folien benötigt man einen Anlegemaßstab und eine Zeichennadel, ferner ein gutes Stahllineal und zwei scharf geschnittene Zeichendreiecke aus Kunststoff. Zirkel und Transversalmaßstab werden nur noch selten verwandt. Bei höheren Genauigkeitsanforderungen empfehlen sich die in zahlreichen Ausführungen angebotenen Kleinkartiergeräte, die eine schärfere Einstellung und Markierung der abzusetzenden Maße und Punkte ermöglichen, als es mit einem Anlegemaßstab möglich ist.

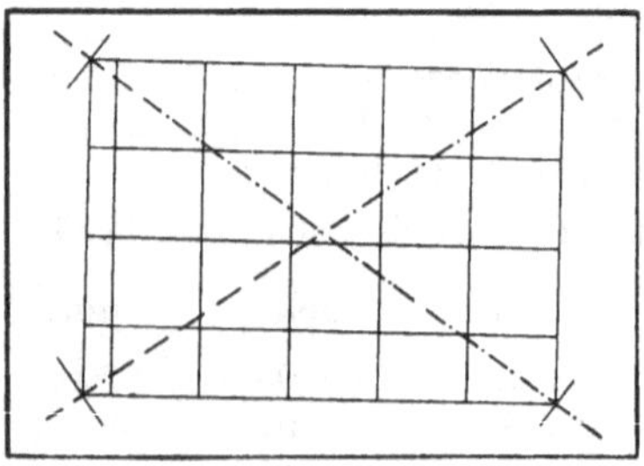

Bild 39. Quadratnetzentwurf.

Für die Zeichnung eines Quadratnetzes verwendet man ein Sägeblattlineal von 1 m Länge mit eingeritzten Dezimetermarken. Man entwirft damit wie nebenstehend ein Diagonalkreuz mit genau gleich langen Armen, verbindet die Endpunkte, unterteilt die Seiten des so entstandenen Rechtecks in Dezimeterabschnitte und zieht die Quadratseiten durch. Zur Probe wird das Lineal in die Diagonalen der Netzquadrate gelegt; dann müssen die Kreuzungspunkte genau auf einer Geraden liegen. Sind Quadratnetze in größerer Zahl anzufertigen, so bediene man sich einer Metallschablone, die mit quadratisch angeordneten feinen Durchbohrungen zum Durchstechen versehen ist.

Für ausgedehntere Aufnahmen höchster Genauigkeit werden zweckmäßig zum Auftragen des Quadratnetzes und koordinierter Einzelpunkte Koordinatographen eingesetzt, von denen die nachstehende Konstruktion von Dennert und Pape eine Vorstellung geben mag.

33.2 Die Reinzeichnung mit der Hand beginnt mit dem Auftragen des Liniennetzes auf Grund der in der Örtlichkeit gemessenen Konstruktionselemente oder, wenn Koordinaten gerechnet sind, mit dem Eintragen der Liniennetzpunkte in das Quadratnetz. Die Genauigkeit des Auftragens richtet sich nach dem Zweck des Lageplanes; bei sorgfältiger Arbeit wird eine Zeichengenauigkeit von 0,1—0,2 mm erreicht. Die aufgenommenen Einzelheiten werden vom Messungsliniennetz aus abgesetzt. Falls der Zeichenträger sich verzogen hat, werden die Differenzen auf den Messungslinien proportional verteilt. Beim Auftragen der Einzelheiten werden auch die bei der Aufnahme gemessenen Kontrollmaße nachgegriffen, was eine Probe für die Richtigkeit der Messung und der Zeichnung bedeutet. Die Reinzeichnung wird in Bleistift entworfen und in der Regel mit wasserfester Tusche ausgezeichnet und beschriftet.

Für die Auszeichnung und die Beschriftung haben sich bei den behördlichen Vermessungs- und Baudienststellen

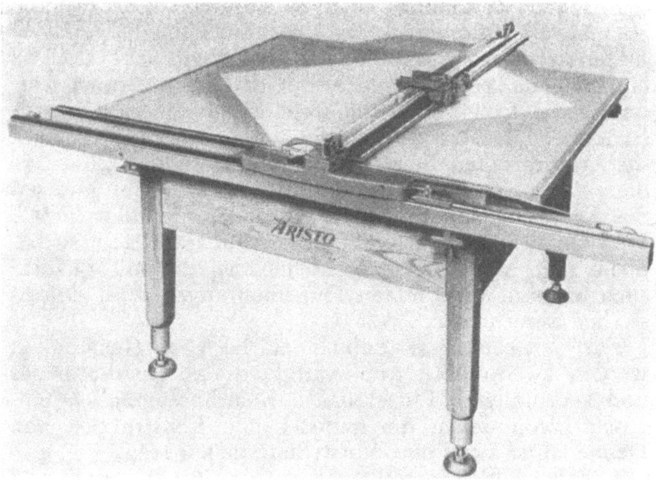

Bild 40. Koordinatograph.

Zeichenvorschriften herausgebildet, die zum größten Teil in dem Normblatt DIN 3020 „Zeichen für Vermessungspläne" niedergelegt sind. Die wichtigsten dieser Regeln sind folgende:

1. Die Reinzeichnung wird, um die Vervielfältigung zu erleichtern, in schwarzer Tusche ausgeführt.
2. Eigentumsgrenzen werden mit Strichen von 0,3 mm Stärke, Flurgrenzen und Gebäudegrenzen mit etwas feineren Strichen gezeichnet.
3. Wohngebäude und öffentliche Gebäude werden unter 50^g Neigung zu den Begrenzungslinien, Wirtschaftsgebäude parallel zur kürzeren Seite schraffiert. Bei öffentlichen Gebäuden und bei Fabrikgebäuden kann ein erläuternder Zusatz hinzugefügt werden.
4. Wichtige Messungspunkte werden durch einen Kreis mit beigeschriebener Punktnummer, die Kreuzungspunkte des Quadratnetzes durch kleine Kreuze dargestellt. Die Mes-

sungslinien und die Quadratseiten können mit stark verdünnter Tusche ausgezogen werden.

5. Gemeinde- und Flurnamen werden in senkrechter, Gebäudebezeichnungen und Punktnummern in rechtsgeneigter Schrift parallel zum unteren Blattrand geschrieben; Wegenamen werden in rechtsgeneigter, Gewässernamen in linksgeneigter Schrift in die Laufrichtung gesetzt. Die Größe der Schrift soll der. Bedeutung des Gegenstandes entsprechen.
6. Für die Darstellung der Bodennutzungsarten kann das Musterblatt für die Deutsche Grundkarte als Anhalt dienen. Wegen weiterer Zeichen und Signaturen sei auf das DIN-Blatt 3020 verwiesen.

34 Vervielfältigung und Maßstabsänderung

34.1 Vervielfältigung von Plänen. Durchsichtige Originale werden, solange die Auflage 50 Stück nicht übersteigt, am einfachsten durch Lichtpausen vervielfältigt, d. h. es werden mit Hilfe einer starken Lichtquelle Abzüge auf lichtempfindlichem Papier gemacht, die der Maßhaltigkeit wegen am besten trocken, z. B. in Salmiakdämpfen, entwickelt werden. Bei mehr als 50 Stück ist der Flachdruck vorzuziehen.

Bei undurchsichtigen Originalen können wenige Abzüge im Reflexverfahren oder im Copyrapidverfahren gewonnen werden. Beim Reflexverfahren wird, indem man das Original oder das Kopierpapier von hinten durchleuchtet, zuerst ein Negativ und dann ein Positiv geschaffen; bei dem Copyrapidverfahren werden beide Schritte in einem Arbeitsgang vereinigt.

Bei größeren Auflagen stellt man eine Mutterpause her und verfährt damit wie bei durchsichtigen Originalen. Die Mutterpause wird am einfachsten durch *Hochzeichnen* oder *Hochritzen* auf eine durchsichtige Unterlage gewonnen. Enthält das zu vervielfältigende Original sehr viel Zeichnung, so ist die Herstellung einer Reflexkopie auf durchsichtigem Material (Direktoflex) zu empfehlen. Bei sehr hohen Ansprüchen an Genauigkeit und Feinheit der

Zeichnung muß ein Negativ mit Hilfe einer Reproduktionskamera hergestellt werden.

34.2 Maßstabsänderung. Zum Vergrößern oder Verkleinern einfachster Figuren dient der *Reduktionszirkel*. Dieser besteht aus zwei sich kreuzenden Stangen, die an beiden Enden Zirkelspitzen tragen und im Kreuzungspunkt (Scheitelpunkt) durch eine Schraube zusammengehalten werden. Die Schraube ist verschiebbar, so daß die beiderseitigen Schenkel in ein bestimmtes Verhältnis gebracht werden können. Bei größeren Arbeiten bedient man sich des *Storchschnabels* bzw. des *Pantographen*, dessen Prinzip nebenstehend angedeutet ist. Dabei bedeuten die starken Linien hölzerne, besser eiserne Stangen und die gestrichelten Linien gedachte mathematische Geraden. Die einfachen Kreise sind Gelenke; die Doppelkreise stellen der Reihe nach von links nach rechts einen festzulegenden Pol, einen Zeichenstift und einen Fahrstift dar, die meistens gegeneinander ausgewechselt werden können.

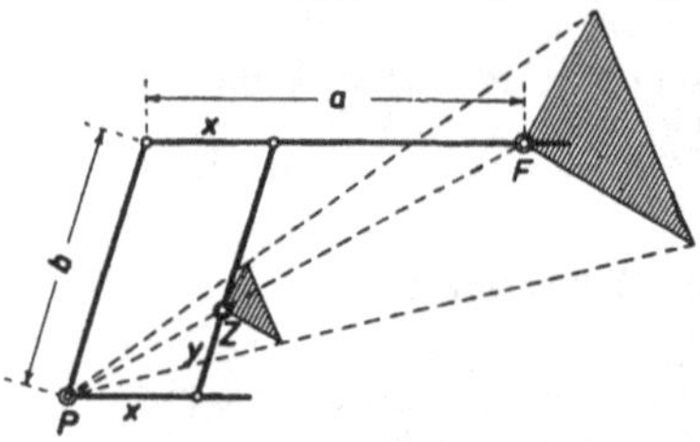

Bild 41. Pantograph.

Soll z. B. eine Zeichnung von 1 : 400 auf 1 : 1000 verkleinert werden, so errechnet man aus

$$\frac{PZ}{PF} = \frac{400}{1000} = \frac{2}{5} = \frac{x}{a} = \frac{y}{b}$$

die Strecken x und y, stellt die Gelenke entsprechend ein und umfährt die gegebene Figur mit dem Fahrstift; dann zeichnet der Zeichenstift die gewünschte Verkleinerung.

Für etwaige Vergrößerungen sind Fahr- und Zeichenstift auszutauschen.

Das nachstehende Bild zeigt einen Präzisionspantographen der Firma Ott.

In jüngster Zeit sind Geräte entwickelt worden, die als *Optischer Pantograph*, *Lichtumzeichner* usw. bezeich-

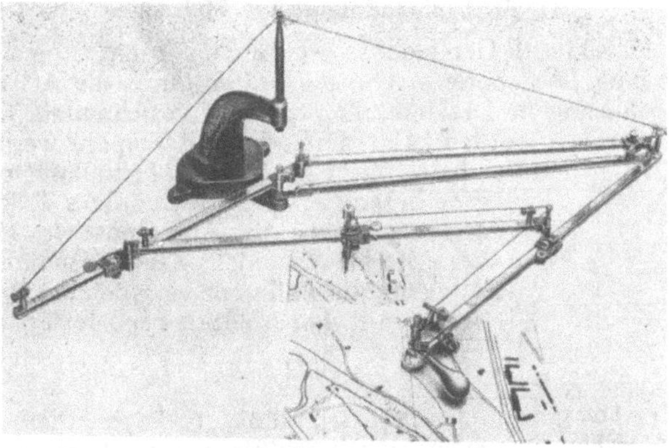

Bild 42 Präzisionspantograph.

net werden. Bei diesen Geräten wird mit Hilfe einer photographischen Linse ein verkleinertes oder vergrößertes Bild auf eine zeichengerecht liegende Mattscheibe projiziert. Auf die Mattscheibe wird dann transparentes Papier gelegt, auf dem das Bild von Hand nachgezeichnet werden kann.

Die beste und bequemste Möglichkeit zur Maßstabsänderung bietet selbstverständlich die Reproduktionskamera. Doch sind mit diesen ziemlich kostspieligen Geräten nur größere Unternehmen oder Dienststellen ausgestattet.

4 Flächenberechnung

Wenn eine geschlossene geradlinig begrenzte Figur nach den Regeln des vorigen Abschnitts aufgenommen ist, so kann auch ihr Flächeninhalt berechnet werden. Das Berechnungsverfahren hängt ab von der Art der Aufmessung und von der Genauigkeit, die verlangt wird. Man unterscheidet

1. Flächenberechnung aus Maßzahlen,
2. halbgraphische Flächenermittlung,
3. graphische Flächenbestimmung.

41 Flächenberechnung aus Maßzahlen

41.1 Die Flächenberechnung aus Feldmaßen ist geboten, wenn die Fläche durch die Art der Aufmessung in Dreiecke, Trapeze und verschränkte Trapeze zerlegt werden kann. Dreiecke und Trapeze werden nach der Formel halbe Grundlinie bzw. Mittellinie mal Höhe berechnet. Ein verschränktes Trapez entsteht, wenn die Aufnahmelinie eine Grenzstrecke schneidet. Als Flächeninhalt gilt dann die Differenz der beiden Dreiecksflächen: Man erhält sie nach der Formel

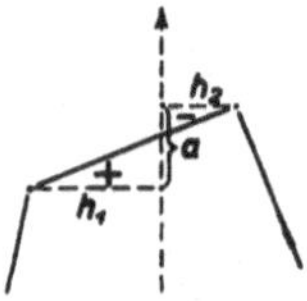

Bild 43. Verschränktes Trapez.

$$F = 1/2\, a\, (h_1 - h_2),$$

in der a die Grundlinie, h_1 die innerhalb, h_2 die außerhalb der Figur liegende Höhe ist.

Um den in den Flächeninhaltsformeln auftretenden Faktor 1/2 nicht ständig mitschleppen zu müssen, ist es üblich, zunächst den doppelten Flächeninhalt zu berechnen, und erst zum Schluß auf die einfache Fläche zu gehen. Falls nicht besonders hohe Genauigkeit verlangt wird, können die Faktoren auf volle dm abgerundet werden.

Beispiel: Berechnung des Flächenwerts des im Bild 32 dargestellten Grundstückes.

a) Mitführen der cm	b) Abrundung auf volle dm
3,72 · 5,34 = 19,86	3,7 · 5,3 = 19,6
51,40 · 13,74 = 706,24	51,4 · 13,7 = 704,2
21,18 · 0,17 = 3,60	21,2 · 0,2 = 4,2
13,59 · 26,88 = 365,30	13,6 · 26,9 = 365,8
52,81 · 38,89 = 2053,78	52,8 · 38,9 = 2053,9
9,90 · 20,24 = 200,38	9,9 · 20,2 = 200,0
3349,16 : 2	3347,7 : 2
F = 1674,58 m²	F = 1673,8 m²

41.2 Die Flächenberechnung aus Koordinaten läßt sich sehr einfach an der im Bild 32 gegebenen Figur erläutern; doch denke man sich die

Abszissenachse wie in nachstehendem Bild so weit nach links verschoben, daß sie außerhalb der Figur liegt. Dann wird der Flächeninhalt der Figur erhalten, wenn von der Fläche 1′—1 —2 —3 —4 —4′ die Fläche 1′—1 —6 —5 —4 —4′ abgezogen wird. In Formeln gibt das

$$2F = (x_1 - x_2)(y_1 + y_2) + (x_2 - x_3)(y_2 + y_3) + (x_3 - x_4)(y_3 + y_4) + (x_4 - x_5)(y_4 + y_5) + (x_5 - x_6)(y_5 + y_6) + (x_6 - x_1)(y_6 + y_1)$$

oder $$2F = \sum (x_i - x_{i+1})(y_i + y_{i+1}) \, .$$

Würde man im Bild 44 statt der Ordinaten die Abszissen ausziehen und beim Aufstellen der Produkte von der Ordinatenachse ausgehen, so erhielte man

$$2F = \sum (y_{i+1} - y_i)(x_i + x_{i+1}) \, .$$

Diese beiden Formeln werden als „Gaußsche Trapezformeln" bezeichnet. Multipliziert man die Produkte aus und ordnet zuerst nach steigenden x, dann nach steigenden y, so gewinnt man die beiden „Gaußschen Dreiecksformeln":

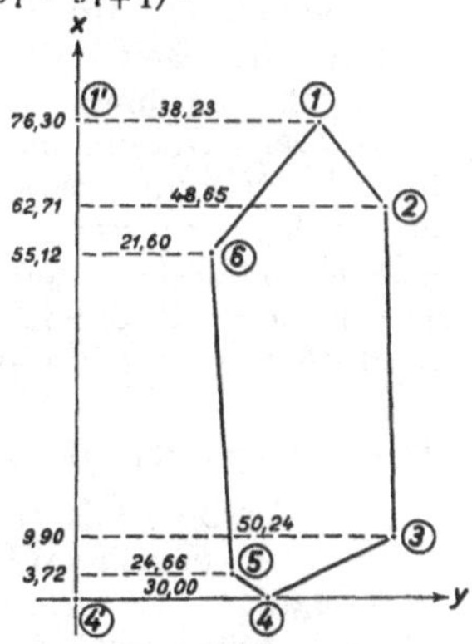

Bild 44.

$$2F = \sum x_i (y_{i+1} - y_{i-1}) = \sum y_i (x_{i-1} - x_{i+1}) \, .$$

Beispiel: Berechnung des Inhalts der Figur Bild 44 nach der 1. Dreiecksformel.

Punkt	y_i	x_i	$y_{i+1} - y_{i-1}$	$x_i \Delta y_i$
1	38,23			
2	48,65	62,71	+ 12,01	+ 753,15
3	50,24	9,90	— 18,65	— 184,64
4	30,00	0,00	— 25,58	0,00
5	24,66	3,72	— 8,40	— 31,25
6	21,60	55,12	+ 13,57	+ 747,98
1	38,23	76,30	+ 27,05	+ 2063,92
2	48,65			
				3349,16 : 2
				F = 1674,58 m²

Zur Probe wiederholt man die Rechnung mit der 2. Formel. Bei Benutzung einer Rechenmaschine werden die Produkte ohne sie aufzuschreiben in der Maschine aufaddiert. Bei dem „Ellingschen“ Rechenverfahren werden auch die Δy_i sofort in der Maschine gebildet und damit alle Arbeitsgänge in die Maschine verlegt. Dazu schreibt man die Koordinaten der Eckpunkte wie in dem obigen Zahlenbeispiel in rechtsläufiger Reihenfolge hin und wiederholt am Schluß die Koordinaten des ersten Punktes bei ungerader Punktzahl einmal, bei gerader Punktzahl zweimal. Dann wird nach der Gaußschen Dreiecksformel in der Weise gerechnet, daß man jeweils eine Zeile überschlägt und die überschlagenen Zeilen beim Rücklauf von unten nach oben berücksichtigt.

42 Halbgraphische Flächenermittlung

Die halbgraphische Flächenermittlung beruht auf folgender Überlegung: Es seien in einem Dreieck mit kurzer Grundlinie a und langer Höhe h die Grundlinie um da, die Höhe um dh unrichtig. Dann ist der Flächenfehler $dF = 1/2\,(a\,dh + h\,da)$. Um dF klein zu halten, muß in erster Linie der mit der großen Zahl h multiplizierte Fehler da der kurzen Seite a klein gehalten werden.

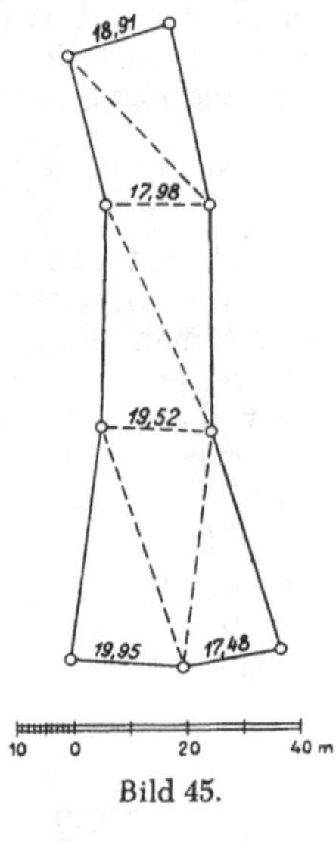

Bild 45.

Die halbgraphische Flächenberechnung ist angebracht, wenn das zu berechnende Grundstück sich in schmale Dreiecke zerlegen läßt, deren kurze Grundlinien im Felde genau gemessen sind, während ihre langen Höhen (mit minderer Genauigkeit) aus einem maßstäblichen

Plan abgegriffen werden können. Es ist daher sehr nützlich, wenn im Felde bei schmalen Grundstücken Steinbreiten und Kopfmaße gemessen werden. Für die Entnahme der Höhen aus dem Plan benutzt man entweder einen Maßstab, oder die in 43.1 zu beschreibende Parallelglastafel.

Beispiel: In obigem Bilde ist $2F = 19{,}95 \cdot 42{,}0 + 17{,}48 \cdot 40{,}2 + 19{,}52 \cdot 81{,}6 + 17{,}98 \cdot 66{,}6 + 18{,}91 \cdot 33{,}0 = 4955$; $F = 2478\ \text{m}^2$.

43 Graphische Flächenbestimmung mit einfachen Hilfsmitteln

Die graphische Flächeninhaltsbestimmung wird angewendet, wenn die Flächenberechnung aus Feldmaßen oder Koordinaten oder mit teilweiser Verwendung von Urmaßen nicht möglich oder zu umständlich ist, oder wenn eine dieser Flächenberechnungen unabhängig verprobt werden soll. Je nach der Form der auszumessenden Figuren unterscheidet man folgende Verfahren:

43.1 Figuren mit glatten Grenzen werden in Dreiecke oder Trapeze zerlegt, deren Grundlinien und Höhen dem Plan mit einem Anlegemaßstab oder mit Hilfe einer Parallelglastafel entnommen werden.

Die *Parallelglastafel* gestattet auch die Ausmessung von Vierecken. Oftmals sind die Parallelen nur mit den einem bestimmten Maß entsprechenden halben Werten beziffert. Dann gibt das Produkt aus Grundlinie mal Höhe sofort die einfache (nicht die doppelte) Dreiecksfläche. In obiger Figur ist $F = 37{,}1 \cdot 14{,}7 = 533\ \text{m}^2$.

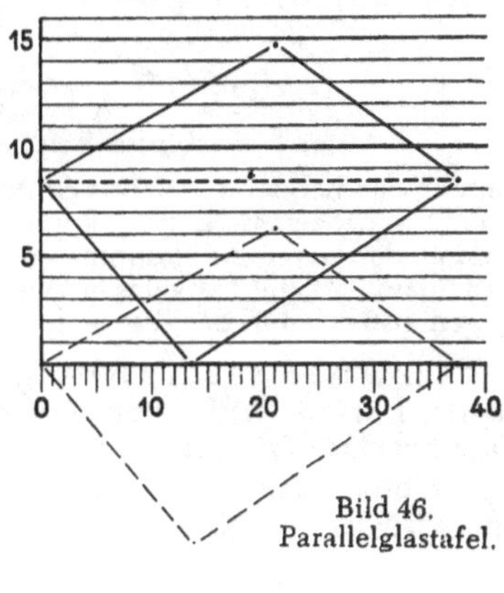

Bild 46. Parallelglastafel.

Mit der *Clothschen Hyperbeltafel* wird an Stelle von Grundlinie und Höhe sofort ihr Produkt erhalten. Die Tafel trägt, da nach der Asymptotengleichung der Hyperbel das Produkt aus den auf die Asymptoten bezogenen Koordinaten einer gleichseitigen Hyperbel für jeden ihrer Punkte konstant ist, auf ihrer Unterseite zwei Scharen von gleichseitigen Hyperbeln, die entsprechend dem Wert der Konstanten in Quadratmillimetern Papierfläche oder — für einen bestimmten Maßstab — in Quadratmetern Feldfläche beziffert sind. Bei einer von Hermann angegebenen Hyperbeltafel schließen die Asymptoten einen Winkel von 50^g ein.

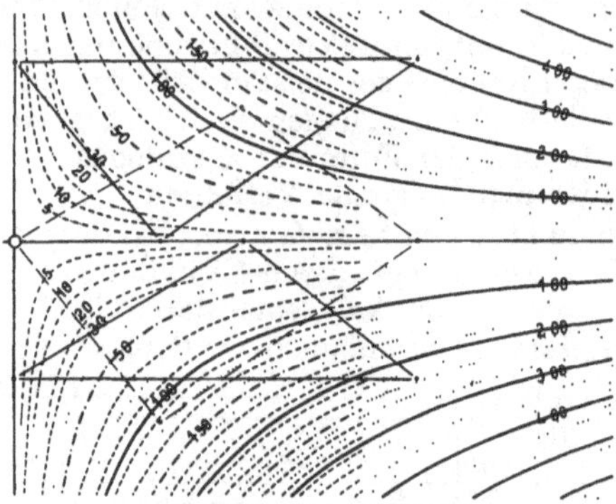

Bild 47. Hyperbeltafel.

Beispiel: In nebenstehendem Bilde ist die Mittelasymptote zuerst auf die Diagonale des Vierecks gelegt (gestrichelte Lage). Darauf wurde die Tafel längs eines an der linken Tafelkante angelegten Lineals nach oben und nach unten verschoben, so daß sich für die beiden Dreiecke die voll ausgezogenen Lagen ergaben. An den freien rechten Ecken der Dreiecke konnten dann ihre Flächeninhalte zu 315 bzw. 235 m² abgelesen werden. Also ist $F = 550$ m² gegen 553 m² mit der Parallelglastafel.

43.2 Unregelmäßig gestaltete Figuren lassen sich mit Hilfe einer Quadratglastafel erfassen. Die Quadratglastafel trägt auf ihrer Unterseite ein Netz von Millimeter-, Halbzentimeter- und Zentimeterquadraten; sie wird so auf die Zeichnung gelegt, daß der Papierflächeninhalt der Figur durch Auszählen der Quadrate erhalten werden kann.

Zweckmäßig zerlegt man die Figur, wie in dem nebenstehenden Bilde angedeutet ist, in Trapeze von 1 cm Höhe und mißt jedes einzelne dieser Trapeze in der Weise aus, daß man die Länge der Mittellinie an der Millimeterteilung der 5-mm-Linien abliest. Dazu wird die Glasplatte entlang eines Lineals in jedem der Zentimeterstreifen solange seitlich verschoben, daß ein Ende der Mittellinie mit einem Zentimeterstrich zusammenfällt. Überschießende oder fehlende Teile der Figur werden nach Augenmaß ausgeglichen oder in Quadratmillimeter ausgezählt. Auf die Feldfläche wird mit Hilfe des Maßstabverhältnisses übergegangen.

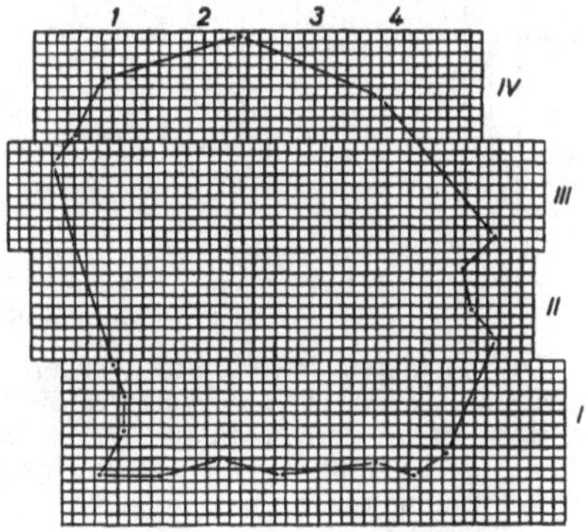

Bild 48. Quadratglastafel.

B e i s p i e l :

			mm²
Streifen I	(links nach rechts)	=	310
Streifen II	(rechts nach links)	=	342
Streifen III	(links nach rechts)	=	355
IV/1 + IV/2 + IV/3 + IV/4			
= 33 + 84 + 66 + 10		=	193
	Ganze Papierfläche	=	1200

43.3 L a n g g e s t r e c k t e F i g u r e n lassen sich am besten mit einer Planimeterharfe erfassen. Die Planimeterharfe besteht aus einem Pausblatt mit einer Schar von Parallelen im Abstand h, die etwa rechtwinklig zur Längserstreckung der auszumessenden Figur so auf die Zeichnung gelegt wird, daß lauter kleine Trapeze entstehen. Sind m_1, $m_2 \ldots m_n$ die Mittellinien dieser Trapeze, so ist der Flächeninhalt der Figur

$$F = h\,m_1 + h\,m_2 \ldots + h\,m_n = h\,\Sigma\,m\,.$$

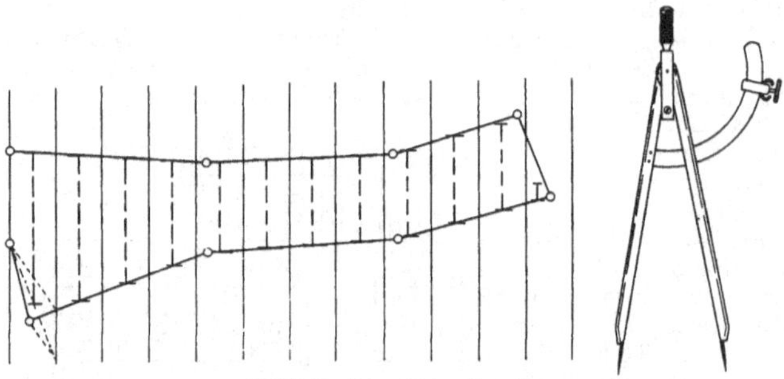

Bild 49. Planimeterharfe.

Die einzelnen Mittellinien werden mit einem Zirkel erfaßt und mechanisch in der Weise addiert, daß zuerst m_1 abgegriffen, dann der geöffnete Zirkel bei der zweiten Mittellinie eingesetzt und mit m_2 weiter geöffnet wird usw., bis die Zirkelöffnung die Summe aller m enthält. Ein Vergleich der Zirkelöffnung mit einem passenden Maßstab ergibt dann den Zahlenwert von Σm. Überschießende Stücke am Anfang oder Ende der auszumessenden Fläche sucht man — wie das Bild zeigt — durch Flächenausgleich zu erfassen. Ändert die auszumessende Fläche ihre Richtung, so kann dem durch Drehen der Harfe Rechnung getragen werden. Die Planimeterharfe, ein im Vergleich zur Quadratglastafel sehr preiswertes Hilfsmittel, wird für alle wichtigeren Maßstäbe gefertigt, so daß die Rechnung von vornherein auf die Feldflächen abgestellt werden kann.

In der obigen — etwa auf die Hälfte verkleinerten — Figur ist $h = 10$. Σm ergab sich zu 247,5, so daß $F =$ 2475 m² ist. Beim halbgraphischen Verfahren im Bild 45 wurde 2478 m² erhalten.

44 Mechanisch-graphische Flächenbestimmung mit dem Polarplanimeter

44.1 B e s c h r e i b u n g u n d W i r k u n g s w e i s e. Das Polarplanimeter ist ein mechanisches Integrationsinstrument, das es erlaubt, den Flächeninhalt einer gezeichneten Figur durch Abfahren ihrer Begrenzungslinien zu ermitteln. Das Polarplanimeter besteht, wie die schematische Darstellung Bild 51 zeigt, aus dem Fahr-

Bild 50. Polarplanimeter.

arm *GF* und dem Polarm *GP*, die beide durch das Kugelgelenk *G* miteinander verbunden sind. Der Polarm ruht mit einem kurzen Ansatz in dem von *G* um die Strecke *p* entfernten Pol, der bei der Umfahrung einer Figur mit einem Gewicht oder einer Nadel auf dem Plan festgelegt wird. Der Fahrarm trägt an seinem freien Ende in der Entfernung *f* von *G* den Fahrstift *F* und jenseits des Gelenks in der Entfernung *q* von *G* die Integrierrolle, die auf einer zum Fahrarm parallelen Welle befestigt ist. In der schematischen Darstellung ist die Rolle jedoch, um ihre Wirkungsweise einfacher erläutern zu können, so gezeichnet, als wenn sie in der Entfernung *q* vom Gelenk in der Achse des Fahrarms angebracht wäre.

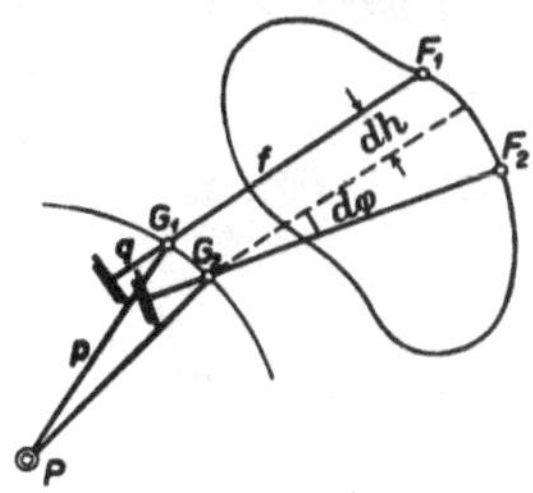

Bild 51.
Pol außerhalb der Fläche.

Während der Fahrstift auf der Begrenzungslinie der auszumessenden Figur entlang geführt wird, bewegt das Gelenk sich infolge der starren Verbindung mit dem Pol auf einem Kreis mit p um den Pol. Eine differentielle Bewegung des Fahrarms läßt sich in eine Parallelverschiebung und eine Drehung zerlegen. Bei einer Parallelverschiebung um $\mathrm{d}h$ überstreicht der Fahrarm das Flächenelement $f \cdot \mathrm{d}h$, während die Rolle sich um $\mathrm{d}h$ abwickelt. Bei einer Drehung um $\mathrm{d}\varphi$ wird der kleine Kreissektor $1/2\, f^2\, \mathrm{d}\varphi$ überdeckt, und die Rolle dreht sich rückläufig um das Stück $-q\, \mathrm{d}\varphi$. Es besteht infolgedessen, wenn $\mathrm{d}F$ die durch Parallelverschiebung *und* Drehung erfaßte differentielle Fläche und $\mathrm{d}a$ die entsprechende Abwicklung an der Rolle ist, folgender Zusammenhang:

	Flächenelement	Rollenabwicklung
Parallelversch.	$f\,\mathrm{d}h$	$\mathrm{d}h$
Drehung	$\underline{1/2\, f^2\, \mathrm{d}\varphi}$	$\underline{-q\, \mathrm{d}\varphi}$
Mithin	$\mathrm{d}F = f\,\mathrm{d}h + 1/2\, f^2\, \mathrm{d}\varphi$	$\mathrm{d}a = \mathrm{d}h - q\,\mathrm{d}\varphi$
		und $\mathrm{d}h = \mathrm{d}a + q\,\mathrm{d}\varphi$

oder wenn $\mathrm{d}h$ links eingesetzt wird,

$$\mathrm{d}F = f\,\mathrm{d}a + \left(f\,q + \frac{1}{2} f^2\right) \mathrm{d}\varphi .$$

Bildet man schließlich die Summe aller $\mathrm{d}F$, so wird, da die Summe aller $\mathrm{d}a$ gleich a, die Summe aller $\mathrm{d}\varphi$ gleich $\int \mathrm{d}\varphi$ ist*),

$$F = f\,a + \left(f\,q + \frac{1}{2} f^2\right) \int \mathrm{d}\varphi + C ,$$

wobei C eine noch zu bestimmende Integrationskonstante ist. Für die Weiterbehandlung sind zwei Fälle zu unterscheiden:

Erster Fall: Der Pol befindet sich außerhalb der auszumessenden Figur (Bild 51). In diesem Fall bewegt der Fahrarm sich bei der Umfahrung teils vorwärts, teils

*) Der Leser, dem die Integralrechnung nicht geläufig ist, betrachte das Zeichen $\int$ einfach als Summenzeichen.

rückwärts und gelangt schließlich wieder in seine Ausgangslage, so daß $\int d\varphi = 0$ ist. Die vom Fahrarm überstrichene Fläche F ist gleich der vom Fahrstift umfahrenen Fläche. Damit wird, wenn u der Rollenumfang, n die Anzahl der Rollenumdrehungen ist,

$$F = f\,a = f\,u\,n = k\,n,$$

wobei die Konstante $k = f\,u$ ist und n erhalten wird, indem man die Anfangsablesung von der Schlußablesung abzieht.

Zweiter Fall: Der Pol befindet sich innerhalb der auszumessenden Figur.

In diesem Falle wird der Polkreis einmal umfahren. Also ist $\int d\varphi = 2\pi$. Zu der vom Fahrarm überfahrenen Fläche kommt ferner der Inhalt des Polkreises mit $p^2\pi$ hinzu. Also ist

$$F = f\,a + \left(f\,q + \frac{1}{2}f^2\right)2\pi + \\ + p^2\pi \\ = f\,a + (f^2 + p^2 + 2\,f\,q)\,\pi = \\ = kn + F_G.$$

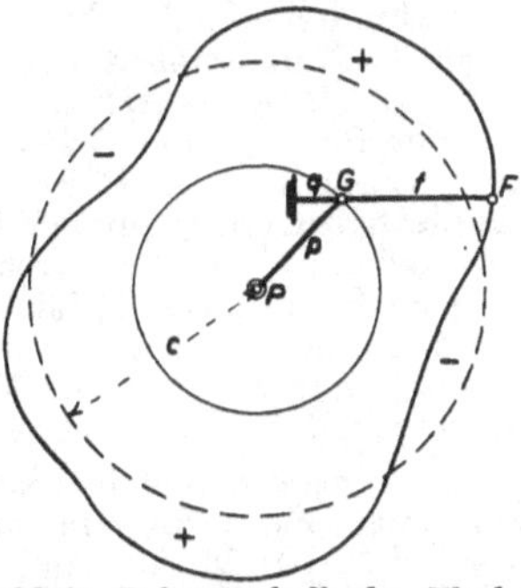

Bild 52. Pol innerhalb der Fläche.

Um F_G geometrisch zu deuten, betrachte man an Hand des nächsten Bildes den Sonderfall, daß der Pol P in der verlängerten Rollenebene liegt. Dann ist, wenn die Fahrweite PF in dieser Stellung mit c bezeichnet wird,

$$c^2 = p^2 - q^2 + (f + q)^2 = f^2 + p^2 + 2\,f\,q\,,$$
$$c^2\pi = (f^2 + p^2 + 2\,f\,q)\,\pi = F_G\,.$$

F_G entspricht also der Fläche eines Kreises mit dem Halbmesser c; dieser wird zur Unterscheidung vom Polkreis mit dem Halbmesser p als Grundkreis bezeichnet.

Mithin gilt für die Flächenberechnung mit dem Polarplanimeter bei Pol innerhalb der Figur

$$F = F_G + k\,n\,.$$

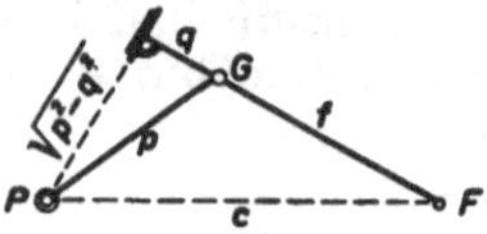

Bild 53.

Ist die auszumessende Fläche etwas kleiner als die des Grundkreises, wickelt die Rolle sich rückwärts ab, so daß n negativ wird.

44.2 Bestimmung der Fahrarmlänge. Die Integrierrolle R ist in 100 Teile geteilt; sie kann mit Hilfe eines Nonius auf $^1/_{10}$ Teil oder $^1/_{1000}$ Rollenumdrehung abgelesen werden. Eine Zählscheibe zählt die vollen Umdrehungen. Es werden also an der Scheibe die Tausender, an der Rolle Hunderter und Zehner, am Nonius die Einer abgelesen. Damit die Noniuseinheit einem runden Flächenwert entspricht, kann die Länge des Fahrarms dadurch verändert werden, daß man den Rahmen, der Gelenk und Rolle trägt, auf dem Fahrarm verschiebt. Die Firmen pflegen dem Planimeter eine Tabelle beizugeben, auf der angegeben ist, wie der Fahrarm einzustellen ist, wenn der Noniuseinheit bei einem bestimmten Kartenmaßstab einer Feldfläche von 10, 20, 40 ⋯ m^2 entsprechen soll. Fehlt die Tabelle, so muß die Fahrarmeinstellung mit Hilfe einer Vergleichsfläche von bekanntem Flächeninhalt F_0 errechnet werden.

Es sei n_0 die Sollabwicklung der Rolle, die sich ergibt, wenn man F_0 durch den für die Noniuseinheit gewählten Wert (d. h. 10, 20, 40 ⋯ m^2) dividiert; ferner sei f_0 die gesuchte Solleinstellung am Fahrarm. Man umfahre nun die Vergleichsfläche mit einer vorläufigen — also verbesserungsbedürftigen — Fahrarmeinstellung f_1 und erhält dann statt der Sollablesung n_0 die vorläufige Ablesung n_1. Dann wird, wenn u wieder der Rollenumfang ist

$$F_0 = f_0\,u\,n_0 = f_1\,u\,n_1 \quad \text{oder} \quad \frac{f_0}{f_1} = \frac{n_1}{n_0}\,.$$

Korrespondierende Subtraktion gibt

$$\frac{f_0 - f_1}{f_1} = \frac{n_1 - n_0}{n_0} \quad \text{oder} \quad \Delta f = \frac{n_1 - n_0}{n_0}\,f_1\,.$$

Δf ist der Betrag, um den der Fahrarm in Einheiten der Fahrarmteilung bei zu kleinem n_1 zu verkürzen, bei zu großem n_1 zu verlängern ist. Zur Probe wird die Vergleichsfläche noch einmal umfahren. Dann muß das Produkt aus dem Wert der Noniuseinheit mal der Anzahl der abgelesenen Noniuseinheiten — das ist unser obiger Ausdruck $k\,n$ — den Sollinhalt der Vergleichsfläche ergeben. Ist das noch nicht ganz erreicht, so ist das Verfahren zu wiederholen.

Man beachte:

a) Der Fahrarm ist meistens in Halbmillimeter eingeteilt; auch liegt der Nullpunkt der Teilung meistens nicht im Gelenk; das ist aber unbeachtlich, weil allein die Verschiebung Δf in Einheiten der Fahrarmteilung benötigt wird.

b) Zum Gewinnen einer Probefläche ist den Planimetern oftmals ein Probelineal beigegeben, mit dem eine Kreisfläche von bekanntem Flächeninhalt (z. B. 100 cm^2) erzeugt werden kann. Besser nimmt man ein Dezimeterfeld aus dem Quadratnetz der benutzten Karte als Vergleichsfläche, weil dann eine etwaige Ausdehnung oder Schrumpfung des Zeichenpapiers miterfaßt wird.

44.3 B e s t i m m u n g d e r G r u n d k r e i s f l ä c h e F_G. Um die geometrische Bedeutung des Grundkreises augenfällig zu machen, berechne man den Halbmesser c des Grundkreises, zeichne den Grundkreis um den Pol als Mittelpunkt und führe den Fahrstift des Planimeters so, daß er sich bald innerhalb, bald außerhalb des Grundkreises bewegt. Dann sieht man, daß die Ablesung beim Abfahren von Linien außerhalb des Grundkreises zunimmt und bei inneren Linien abnimmt. Führt man den Fahrstift auf dem Grundkreis entlang, so gleitet die Rolle, ohne sich abzuwickeln. Die Rolle mißt also Zuschläge und Abzüge gegenüber der Grundkreisfläche.

Der Flächeninhalt des Grundkreises ist in der Regel auf der dem Planimeter von der Herstellerfirma beigegebenen Tabelle verzeichnet. Fehlt diese Angabe oder muß sie überprüft werden, so bestimmt man den Wert k der Noniuseinheit und umfährt eine Fläche F_0 bekannten Inhalts, die etwa so groß ist wie die des Grundkreises. Dann ist $F_G = F_0 - k\,n$.

Die Grundkreisfläche kann nur mit einer ziemlich großen Unsicherheit bestimmt werden. Diese Unsicherheit geht aber in ihrer ganzen Größe in die gesuchte Fläche ein. Weil außerdem bei Umfahrungen in der Nähe des Grundkreises die Rolle öfter ins Gleiten kommt (vgl. 44.4b), mißt man mit Pol innerhalb der Figur nur bei mäßigen Genauigkeitsansprüchen und zerlegt große Flächen lieber in mehrere Teile, die man einzeln mit Pol außerhalb umfährt.

44.4 Regeln für den Gebrauch des Polarplanimeters.

a) Der gefährlichste Fehler des Planimeters ist die Rollenschiefe; sie liegt vor, wenn die Rollenachse der Achse des Fahrarms nicht genau parallel ist. Um den dadurch bedingten regelmäßigen Fehler auszuschalten, bringt man die Meßrolle bei unveränderter Polstellung für eine zweite Umfahrung in eine zur Ausgangslage des Fahrarms symmetrische Lage und erhält im Mittel aus beiden Umfahrungen ein von den Auswirkungen der Rollenschiefe freies Ergebnis. Alle neueren Planimeter sind aus diesem Grunde so gebaut, daß man den Fahrarm unter dem Polarm hindurchführen kann (Kompensationsplanimeter).

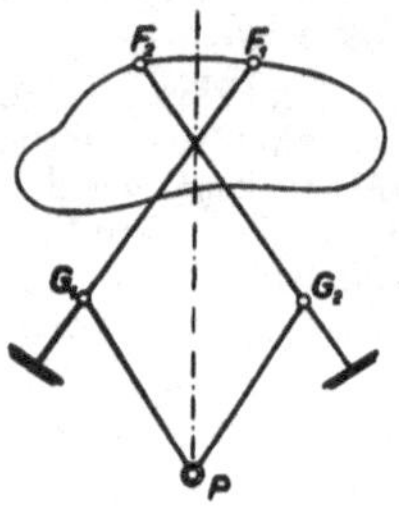

Bild 54. Gebrauch des Kompensationsplanimeters.

b) Bei Bewegungen senkrecht zur Richtung des Fahrarms dreht sich die Rolle, bei Bewegungen in Richtung des Fahrarms gleitet sie. Beim Übergang vom Rollen zum Gleiten muß ein toter Punkt überwunden werden, was zumal bei rauhem Papier eine zweite Fehlerquelle bedeutet. Um das Gleiten nach Möglichkeit auszuschalten, stelle man das Planimeter mit Pol außerhalb so auf, daß der Grundkreis durch den Schwerpunkt der Figur geht und sie in ihrer größten Ausdehnung durchschneidet.

c) Die Noniuseinheit wählt man nach Möglichkeit so, daß man einen langen Fahrarm erhält, weil sich extreme Lagen, in denen die Rolle gleitet, bei langem Fahrarm leichter vermeiden lassen und weil die Möglichkeit zur Anhäufung regelmäßiger Fehler bei langem Fahrarm geringer ist als bei kurzem Fahrarm.

d) Jede Fläche umfahre man mindestens je einmal, kleine Flächen je zweimal in beiden Rollenlagen.

e) Auch geradlinig begrenzte Figuren umfahre man mit der freien Hand. Zuhilfenahme eines Lineals hat meistens beträchtliche regelmäßige Fehler zur Folge.

Beispiele: Messungen mit einem Kompensationsplanimeter.

1. Bestimmung der Fahrarmlänge für die Noniuseinheit $k = 10\ m^2$.

In einem Katasterplan 1 : 1000 wurde 1 dm², also eine Sollfläche F_0 von 10 000 m² mit der (vorläufigen) Fahrarmeinstellung $f_1 = 327{,}2$ fünfmal in beiden Rollenlagen umfahren.

Lage I	n	Lage II	n
0443,5		0741,5	
	997,0		998,5
1440,5		1740,0	
	995,0		997,5
2435,5		2737,5	
	997,5		996,5
3433,0		3734,0	
	996,5		998,0
4429,5		4732,0	
	996,0		998,0
5425,5		5730,0	
Mittel:	996,4		997,7; $n_1 = 997{,}05$

Dann ist:

$$n_0 = \frac{F_0}{k} = \frac{10\,000\ m^2}{10\ m^2} = 1000\,,$$

$$\Delta f = f_1 \frac{n_1 - n_0}{n_0} = 327{,}2 \frac{997{,}05 - 1000}{1000} \approx -0{,}96\,.$$

Die verbesserte Fahrarmeinstellung ergibt sich zu:

$$f_0 = f_1 + \Delta f = 327{,}2 - 0{,}96 \approx 326{,}2\,.$$

Zur Kontrolle wurden die gleichen Messungen mit verbesserter Fahrarmeinstellung wiederholt. Dabei war $n_1 = 1000{,}1$ und $\Delta f = +0{,}03$. Die geringe Verbesserung von 0,03 läßt sich am Fahrarm nicht mehr einstellen.

2. Bestimmung einer Fläche mit Pol außerhalb der Fläche. Mit der verbesserten Fahrarmeinstellung $f_0 = 326{,}2$ und dem Wert der Noniuseinheit $k = 10\ \text{m}^2$ wurde in einem Katasterplan 1 : 1000 ein Flurstück viermal in beiden Lagen ausgemessen.

Lage I	n	Lage II	n
0787,5		0434,5	
	237,5		238,5
1025,0		0673,0	
	239,0		239,0
1264,0		0912,0	
	238,0		240,0
1502,0		1152,0	
	239,0		239,5
1741,0		1391,5	
Mittel:	238,4		239,2; $n = 238{,}8$

Also ist $F = n\,k = 238{,}8 \cdot 10\ \text{m}^2 = 2388\ \text{m}^2$.

3. Bestimmen der Fläche des Grundkreises.

Der Pol befindet sich innerhalb der auszumessenden Figur. Verlangt ist die Bestimmung der

Grundkreisfläche F_G für $f = 326{,}2$ und $k = 10\ \text{m}^2$.

Hierzu wurde eine Fläche $F = 160\,000\ \text{m}^2$ fünfmal in beiden Lagen umfahren:

Lage I	n*)	Lage II	n
0414,0		0545,5	
	— 6953,0		— 6955,0
3461,0		3590,5	
	— 6956,0		— 6952,5
6505,0		6638,0	
	— 6950,5		— 6953,0
9554,5		9685,0	
	— 6955,0		— 6951,5
2599,5		2733,5	
	— 6954,0		— 6950,5
5645,5		5783,0	
Mittel:	— 6953,7		— 6952,5; $n = -6953{,}1$

*) Bei der Umfahrung achte man darauf, ob das Zählwerk positiv oder negativ zählt. In obigem Fall wickelte die Rolle sich bei rechtsläufiger Umfahrung rückwärts ab, so daß n negativ ist. Die Fläche F ist also kleiner als die Grundkreisfläche F_G.

Dann ist:

$$F_G = F - n\,k = 160000\ \text{m}^2 + 69531\ \text{m}^2 = 229\,531\ \text{m}^2.$$

44.5 Besondere Planimeterformen. Um den Einfluß von Unregelmäßigkeiten des Papiers auf die Meßrolle unschädlich zu machen, werden Scheiben- und Kugelpolarplanimeter gebaut, bei denen die Rolle sich auf einer Scheibe bzw. auf einer Kugelkalotte abwickelt. Für die Ausmessung langgestreckter Figuren benötigt man die Linearplanimeter, bei denen der Pol im Unendlichen liegt, so daß das Gelenk G sich auf einer Geraden bewegt. Sie besitzen entweder Schienen- oder Walzenführung. Im letzteren Falle heißen sie Rollplanimeter. Eine sehr zweckmäßige Kombination von Polar- und Rollplanimeter wird als Universalplanimeter bezeichnet.

45 Genauigkeit der Flächenbestimmung

45.1 Verprobung der Flächenbestimmungen. Da bei der Berechnung des Flächeninhalts leicht Rechenfehler unterlaufen können, ist es nützlich, jede Fläche zweimal, möglichst auf verschiedenen Wegen, zu berechnen. Sind beide Berechnungen gleichwertig — z. B. beide graphisch — so wird das Mittel aus beiden Rechnungen angehalten; ist eine Berechnung höherwertig, z. B. auf Feldmaße gegründet, so wird die geringerwertige lediglich als Kontrolle betrachtet.

Bei der Berechnung zusammenhängender Grundstückslagen wird zweckmäßig als weitere Sicherung eine sog. Massenberechnung durchgeführt, bei der der Flächeninhalt des gesamten Komplexes ermittelt wird. Auf das Ergebnis dieser Massenberechnung wird die Summe der Flächeninhalte der einzelnen Grundstücke in der Weise abgestimmt, daß der Widerspruch auf die Einzelgrundstücke entsprechend ihrer Größe verteilt wird. Gelegentlich der Massenberechnung kann auch ein etwaiges Verziehen des Zeichenträgers berücksichtigt werden, ebenso auch eine durch die Art der Abbildung hervorgerufene Projektionsverzerrung, wie sie z. B. bei der Gauß-Krügerschen Abbildung entstehen kann.

45.2 Gegenüberstellung der Flächenbestimmungsverfahren. Um in jedem Falle das zweckmäßigste Verfahren einsetzen und etwa auftretende Widersprüche richtig beurteilen zu können, muß man die Besonderheiten der einzelnen Verfahren und ihre Fehlerquellen kennen.

a) *Die Flächenbestimmung aus Feldmaßen.* Sind in einem Dreieck die Grundlinie a und die Höhe h um da bzw. dh unsicher, dann ist die Unsicherheit der Fläche

$$\mathrm{d}F = \frac{1}{2}\,(a\,\mathrm{d}h + h\,\mathrm{d}a)\,.$$

Entsprechend ist in einem Trapez mit den beiden Grundseiten a und b

$$\mathrm{d}F = \frac{1}{2}\,(a+b)\,\mathrm{d}h + h\,(\mathrm{d}a + \mathrm{d}b)\,.$$

Entscheidend für die Genauigkeit ist immer die Schärfe, mit der der kleinere Faktor bestimmt ist.

Wenn die Flächeninhaltsberechnung aus zahlreichen Einzelprodukten besteht, werden die Fehler sich bei der Aufsummierung weitgehend tilgen, so daß die Unsicherheit des Endergebnisses nur mit der Wurzel aus der Anzahl der Produkte (bzw. mit der Wurzel aus der Fläche) zunimmt.

b) *Die halbgraphische Flächenberechnung* steht an Genauigkeit der Flächenberechnung aus Feldmaßen wenig nach, sofern es sich um schmale Figuren mit im Felde gemessenen Grundlinien handelt.

c) *Genauigkeit der graphischen Flächenbestimmung* ist abhängig vom Maßstab und der Maßhaltigkeit des Plans, von dem verwendeten Werkzeug und der Geschicklichkeit des Bearbeiters.

Der Flächenmaßstab ist bekanntlich das Quadrat des Längenmaßstabs. Geht man z. B. vom Maßstab 1 : 500 auf 1 : 1000 über, so gehen alle Papierlängen auf die Hälfte, alle Papierflächen auf ein Viertel zurück. Einem Fehler in der Erfassung der Papierfläche entspricht bei dem kleineren Maßstab eine viermal größere Feldfläche, d. h. die Genauigkeit geht — gleiche Zeichenschärfe vorausgesetzt — im Quadrat zu dem Maßstabsverhältnis zurück.

Die Maßhaltigkeit des Plans hängt ab vom Zeichenträger. Gewöhnlicher Zeichenkarton kann vor allem infolge Feuchtigkeitsänderung entweder schrumpfen oder sich ausdehnen, und zwar oftmals in verschiedenen Richtungen um verschiedene Beträge. Zweckmäßig ermittelt man die Papierveränderung in den beiden Richtungen an Hand des Quadratnetzes und drückt sie in Prozenten aus. Sind a und b die Seiten eines Rechtecks und p % und q % die entsprechenden Papierveränderungen, so ist

$$F = a b \left(1 + \frac{p}{100}\right)\left(1 + \frac{q}{100}\right) = a b \left(1 + \frac{p}{100} + \frac{q}{100} + \frac{p q}{10\,000}\right),$$

oder bei Verzicht auf den sehr kleinen Ausdruck am Schluß

$$F = a b + a b \, \frac{p+q}{100} ,$$

d. h. die aus a und b berechnete Fläche ist um $(p + q)$ % unrichtig. Bei gewöhnlichem Zeichenkarton hat man mit Längenänderungen bis zu 3 % zu rechnen.

Die kleinen Flächenberechnungshilfsmittel liefern immer dann gute Ergebnisse, wenn sie zweckentsprechend eingesetzt werden. Die genauesten Werte ergibt erfahrungsgemäß die Quadratglastafel. Erstaunlich gute Werte liefert jedoch auch die Planimeterharfe bei der Flächeninhaltsermittlung von Wegen, Flußläufen usw.

Beim Polarplanimeter hängt neben der gewissenhaften Beachtung der in 44.4 gegebenen Regeln sehr viel von der Geschicklichkeit und der ruhigen Hand des Bearbeiters ab. Im übrigen liefert das Planimeter um so günstigere Ergebnisse, je kleiner der Umfang einer Figur im Verhältnis zu ihrem Flächeninhalt ist. Es ist deshalb zur Berechnung von langen schmalen Ackerstücken, von Wegen und Wasserläufen nicht geeignet.

45.3 Fehlergrenzen. Auf Grund langjähriger Erfahrungen haben die Vermessungsverwaltungen Fehlergrenzen festgelegt, die angeben, um wieviel zwei unabhängige Flächeninhaltsberechnungen derselben Figur voneinander abweichen dürfen. Den Fehlergrenzen ist gem. 14.5 das 3- bis 4fache des mittl. Fehlers zugrunde gelegt, so daß die zu erwartende Unsicherheit nur ein Drittel der nachstehenden Werte beträgt. Sie lauten bei Flächenberechnung aus Feldmaßen

in günstigem Gelände $f_{\mathrm{I}} = 0{,}20 \sqrt{F} + 0{,}00030\, F;$

in mittlerem Gelände $f_{\mathrm{II}} = 0{,}25 \sqrt{F} + 0{,}00045\, F;$

in ungünstigem Gelände $f_{\mathrm{III}} = 0{,}30 \sqrt{F} + 0{,}00060\, F;$

bei graphischer Berechnung auf einem Plan im Maßstab 1 : M:

$$f = 0{,}0004\, M \sqrt{F} + 0{,}0003\, F .$$

Nach diesen Formeln wurde nachstehende Tabelle berechnet:

Fläche F	Berechn. aus Feldmaßen f_I	f_{II}	f_{III}	Graphische Berechnung 1:500	1:1000	1:2500
ha	m^2	m^2	m^2	m^2	m^2	m^2
0,01	2	2	3	2	4	10
0,05	4	6	7	4	9	22
0,20	10	12	15	10	18	45
1,00	23	30	36	23	43	103
10,00	93	124	155	93	156	346

5 Bestandteile geodätischer Meßinstrumente

51 Die Libellen

Um die geodätischen Lage- und Höhenmessungen auf die in 12 eingeführten Bezugsflächen beziehen zu können, müssen die Achsen der Meßinstrumente in die Lotrichtung gebracht oder senkrecht zu ihr eingerichtet werden. Hierfür bedient man sich der Libellen (Wasserwaagen, Niveaus), die in zwei Ausführungen, als Dosenlibellen für Grobeinstellungen und als Röhrenlibellen für feinere Messungen, gefertigt werden.

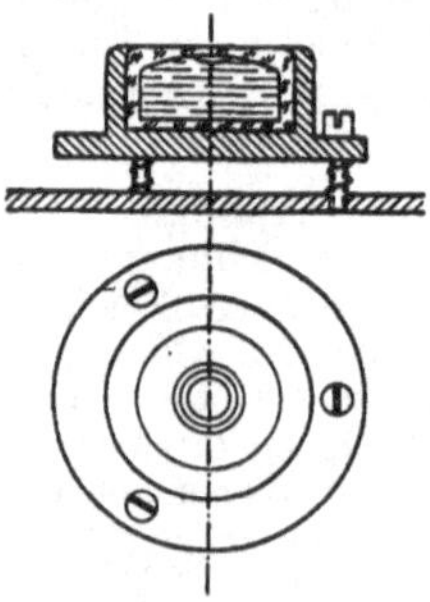

Bild 55. Dosenlibelle.

51.1 Die Dosenlibelle besteht aus einem in Metall gefaßten runden Glasgefäß, dessen Boden zugeschmolzen und dessen Deckel auf der Innenseite kugelförmig ausgeschliffen ist. Das Gefäß ist bis auf einen kleinen Rest — die Blase — mit Äther oder Alkohol angefüllt. Die Mitte des Gefäßes ist durch einen oder mehrere Kreise angedeutet.

Mit einer justierten Dosenlibelle wird eine auf Stellschrauben ruhende Ebene, z. B. ein Meßtisch, horizontiert und eine durch Stellschrauben gehaltene Vertikalachse lotrecht gestellt, indem man die Libellenblase mit den Stellschrauben zum Einspielen bringt. Die Dosenlibelle ist justiert, wenn eine an den Mittelpunkt der Kugelkappe gelegte Tangentialebene der Auflagefläche der Libelle parallel ist oder wenn sie normal zu der Stehachse verläuft.

Um eine Dosenlibelle zu justieren, läßt man die Blase mit Hilfe der Stellschrauben genau einspielen und bewegt die Libelle (durch Umsetzen auf dem Tisch bzw. Drehen der Stehachse) ganz langsam um 200ᵍ. Zeigt sich dabei ein Ausschlag, so beseitigt man ihn zur Hälfte mit den Stellschrauben, zur Hälfte mit den an der Libellenfassung sichtbaren Justierschrauben.

51.2 Die Röhrenlibelle besteht aus einer in Metall gefaßten zylindrischen Glasröhre, deren Innenseite im oberen Teil tonnenförmig ausgeschliffen ist, so daß sie im Längsschnitt als Kreisbogen erscheint. Die Röhre ist an beiden Enden zugeschmolzen und mit Äther ausgefüllt bis auf die von Ätherdämpfen eingenommene längliche

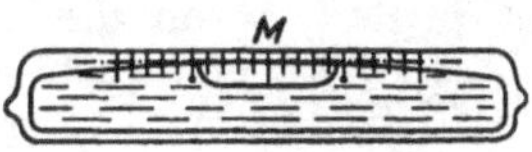

Bild 56. Röhrenlibelle.

Blase, die an die jeweils höchste Stelle der Libelle wandert. An der Außenwand des Glaskörpers ist eine Teilung angebracht, deren Striche (Tonnenreifen) bei älteren Libellen 2,26 mm (eine Pariser Linie), bei neueren Libellen 2 mm voneinander entfernt sind. Der Abstand zweier Teilstriche heißt *Pars.* Der Mittelpunkt der Teilung ist der *Normalpunkt* oder die *Mittelmarke;* die in der Mittelmarke in Längsrichtung der Libelle an die innere Wandung gelegte Tangente ist die *Libellenachse;* ihre Projektion auf die Unterseite der Fassung — d. h. auf die Ebene, mit der die Fassung aufliegt — wird als *Setzlinie* bezeichnet. Der Winkel, um den die Libelle geneigt werden muß, damit die Blase um einen Pars weiterläuft, heißt die *Angabe* der Libelle. Sie wird in der Regel in Sexagesimalsekunden angegeben und liegt bei Feinnivellierlibellen bei 5″, bei mittleren Libellen bei 20″ und bei einfachen Libellen bei 30″. Die entsprechenden Schliffhalbmesser sind 82,5 m, 20,6 m und 13,6 m.

Befindet sich die Röhrenlibelle in einer Fassung, die das Umsetzen der Libelle ermöglicht, so heißt sie *Setzlibelle* und dient zum Horizontieren von Geraden und Ebenen. Ist sie direkt oder indirekt mit der Vertikalachse (Stehachse) eines Instruments verbunden, so heißt sie *Vertikalachsenlibelle* (Bild 59) und wird zum Lotrechtstellen der Vertikalachse verwandt.

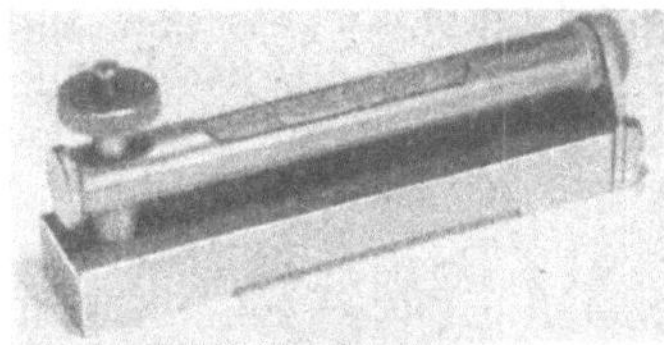

Bild 57. Setzlibelle.

51.3 Justierung und Gebrauch der Röhrenlibelle.

51.31 Die *Setzlibelle* ist justiert, wenn die Libellenachse der Setzlinie parallel ist. Wird eine justierte Setzlibelle auf eine horizontale Ebene gesetzt, so spielt die Blase auf die Mittelmarke ein.

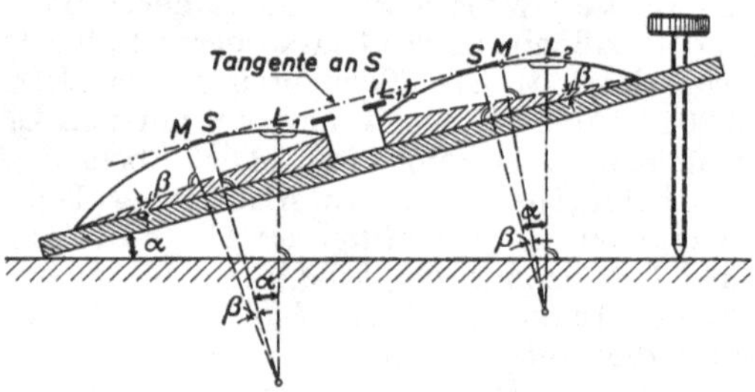

Bild 58. Gebrauch der Setzlibelle.

Um Einblick in das Verhalten einer Setzlibelle zu gewinnen, stelle man mit Hilfe eines „Legebrettes“, d. h. eines schmalen ebenen Brettes, das mit einer Stellschraube um eine horizontale Achse gekippt werden kann, eine um α geneigte Ebene her und setze auf diese Ebene, wie im vorstehenden Bild links gezeigt ist, eine um β dejustierte Libelle.

Der Ausschlag L_1, den die Blase zeigt, ist das Ergebnis von Neigung und Dejustierung; er ist gleich $(\alpha + \beta)$. Setzt man die Libelle um (rechtes Bild), so schlägt die Blase um $(\alpha - \beta)$ nach der entgegengesetzten Seite aus. Der Weg der Blase von L_1 bis zu der neuen Stellung L_2 beträgt also im Winkelmaß $2\,\alpha$, und wenn man den Punkt in der Mitte des Bogens $L_1\,L_2$, den *Spielpunkt*, mit S bezeichnet, so ist $L_1\,S = S\,L_2 = \alpha$. *Folglich ist, wenn die Blase im Spielpunkt steht,* $\alpha = 0$, *d. h. die Ebene ist horizontal.* Der Bogen *MS* aber entspricht, wie man an Hand der Zeichnung erkennt, dem Dejustierungswinkel β. Um die Libelle zu justieren, hat man mithin den Bogen *MS* gleich Null zu machen, oder, anders ausgedrückt, *man hat den Spielpunkt mit Hilfe der Libellenjustierungsschrauben auf die Mittelmarke zu verlegen.*

Die Justierung wird besonders einfach, wenn man zuvor $\alpha = \beta$ macht. Das wird automatisch erreicht, indem man zunächst die Blase mit den Stellschrauben des Legebrettes auf die Mittelmarke einstellt. Setzt man dann um, so schlägt die Blase um $2\,\alpha = 2\,\beta$ aus. Jetzt wird eine Hälfte des Ausschlages mit der Stellschraube des Legebretts beseitigt; dann ist die Setzlinie horizontal. Die andere Hälfte wird fortgeschafft, indem man die Blase mit den Justierschrauben der Libelle wieder auf die Mittelmarke bringt; damit ist die Libelle justiert. Wenn sich nach abermaligem Umsetzen noch ein Ausschlag zeigt, so ist der Vorgang zu wiederholen.

Wird lediglich das Horizontalstellen der Setzlinie ohne Libellenjustierung verlangt, so bestimmt man durch Umsetzen der Libelle den Spielpunkt der Blasenmitte oder eines Blasenendes in Beziehung auf die Setzlinie und stellt die Blase mit Hilfe der Stellschraube des Legebrettes auf den Spielpunkt ein.

51.32 *Die Vertikalachsenlibelle.* Bei ihr tritt an die Stelle der Setzlinie die senkrecht zur Libellenachse verlaufende Vertikalachse. Eine Vertikalachsenlibelle ist demnach justiert, wenn die Libellenachse — d. i. die Tangente in *M* — mit der Vertikalachse einen rechten

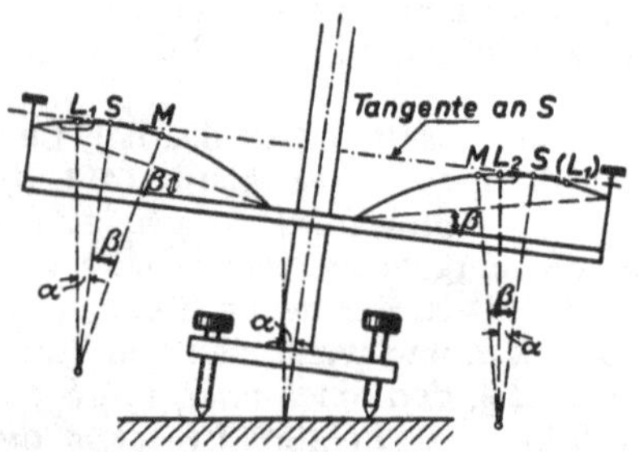

Bild 59. Gebrauch der Vertikalachsenlibelle.

Winkel bildet. Man erhält den Spielpunkt der Libelle in Beziehung auf die Vertikalachse, indem man durch Drehen der Vertikalachse die Richtung der Libellenachse um 200^g ändert und den Blasenweg $L_1\,L_2$ halbiert.

Um eine Vertikalachse lotrecht zu stellen und die Vertikalachsenlibelle zu justieren, geht man wie in 51.31 wieder von dem Fall $\alpha = \beta$ aus und hat dann folgende Schritte zu machen:

1. Vertikalachse mit Dosenlibelle genähert aufrichten.
2. Röhrenlibelle parallel zu zwei Fußschrauben stellen und Blase auf Mittelmarke einspielen lassen.
3. Achse nebst Libelle um 200^g drehen und Ausschlag ablesen.
4. Die Hälfte des Ausschlages mit den Fußschrauben beseitigen; die Blase steht damit im Spielpunkt, und die Achse ist in einer Richtung aufgerichtet.
5. Achse nebst Libelle um 100^g drehen und Blase mit der dritten Fußschraube auf den vorher bestimmten Spielpunkt bringen; damit ist die Achse auch in der zweiten Richtung aufgerichtet.
6. Zur Probe Achse langsam drehen; bleibt die Blase dann nicht im Spielpunkt stehen, so sind die Vorgänge 2. bis 5. zu wiederholen.
7. Wenn die Blase stehenbleibt, ist die Achse streng lotrecht. Stellt man alsdann die Blase mit den Libellenjustierschrauben auf die Mittelmarke ein, so wird der Spielpunkt auf die Mittelmarke verlegt; die Libelle ist justiert.

51.4 Das Bestimmen der Libellenangabe, deren Kenntnis zur Beurteilung eines Libelleninstruments unerläßlich ist, kann auf zwei Wegen geschehen.

51.41 *Fernrohrlibellen.* Libellen, die mit einem Fernrohr fest verbunden sind, können mit Hilfe eines in der Entfernung s senkrecht aufgestellten Maßstabes (z. B. einer Nivellierlatte) untersucht werden. Man stellt das Instrument so auf, daß eine der drei Fußschrauben zur Latte weist, liest an der Libellenteilung den Stand eines Blasenendes ab und macht mit Hilfe des Fernrohrs am Maßstab die Ablesung l_1. Dann läßt man die Blase durch Bewegen der zum Maßstab weisenden Fußschraube um n Pars weiterwandern und liest am Maßstab l_2 ab. Jetzt stellt man die Neigungsänderung in Pars dem aus der Ablesung am Maßstab abzuleitenden Winkel gegenüber und erhält

$$n \text{ pars} = \frac{l_1 - l_2}{s} \varrho'' \quad \text{oder} \quad 1 \text{ pars} = \frac{\varrho''}{n\, s} (l_1 - l_2) .$$

Beispiel: $n = 20$; $s = 18{,}80$ m; $l_1 = 1{,}397$ m; $l_2 = 1{,}361$ m

$$1 \text{ pars} = \frac{206\,265 \cdot 0{,}036}{20 \cdot 18{,}80} = 20'' .$$

51.42 *Ungefaßte Libellen* oder Libellen, die nicht an einem Instrument angebracht sind, werden auf einem Libellenprüfer untersucht. Dieser besteht aus einem T-förmigen Träger, besitzt zwei Y-Lager zur Aufnahme der

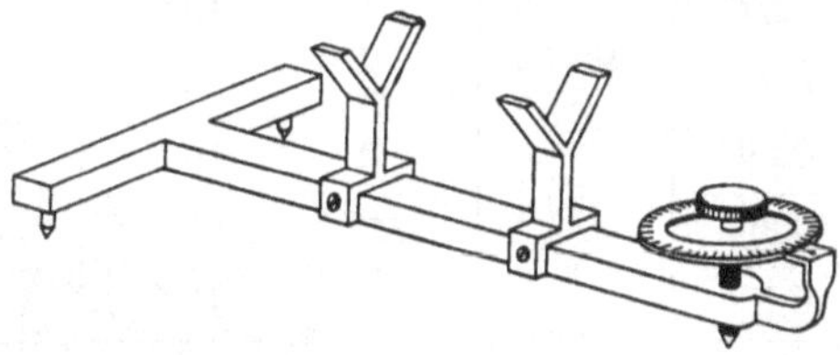

Bild 60. Libellenprüfer.

Libellen und kann mittels einer Feinmeßschraube von ½ mm Ganghöhe, deren Trommel z. B. in 360° oder in 100 Teile geteilt ist, geneigt werden.

Ist h die Ganghöhe der Schraube und l die wirksame Länge des Libellenprüfers, so bewirkt eine volle

Schraubenumdrehung eine Neigungsänderung $k'' = \varrho''\, h/l$, die als Konstante des Libellenprüfers bezeichnet wird. Man bestimmt die Konstante, indem man ein Fernrohr auf den Libellenprüfer legt und wie unter 51.41 verfährt. Ist k bekannt, so wird zunächst die Anfangsstellung der Blase abgelesen, und es wird nach t Umrehungen eine zweite Ablesung gemacht. Dieser Vorgang wird mit kleinen Änderungen in der Ausgangsstellung mehrere Male wiederholt. Ist die Blase im Mittel um n Pars weitergelaufen, so errechnet sich der Wert für 1 Pars oder die Angabe der Libelle aus

$$n \text{ pars} = t\, k'' \quad \text{oder} \quad 1 \text{ pars} = \frac{t}{n}\, k''.$$

Beispiel: Bestimmung der Angabe einer Röhrenlibelle. Die Ganghöhe der Schraube ist 0,5 mm, die wirksame Länge 250,0 mm, so daß $k = 400''$ ist. Die Schraubentrommel gestattet Ablesungen auf 0,01 Schraubenumdrehungen.

Trommel-ablesung	t	Libellenablesungen links	rechts	Mitte	n
0,00	0,25	1,7	15,2	8,45	5,10
0,25		6,8	20,3	13,55	
0,02	0,25	2,4	16,0	9,20	4,80
0,27		7,2	20,8	14,00	
0,05	0,25	3,0	16,6	9,80	4,75
0,30		7,7	21,4	14,55	
0,13	0,25	4,6	18,3	11,45	4,90
0,38		9,5	23,2	16,35	
0,23	0,25	6,3	20,0	13,15	5,05
0,48		11,4	25,0	18,20	
				Mittel	4,92

Danach ist die Angabe der Libelle im Mittel:

$$= \frac{0{,}25}{4{,}92} \cdot 400 = 20{,}3''.$$

Als behelfsmäßiger Libellenprüfer kann ein Legebrett dienen. Man hat dann zur Ermittlung der Konstanten die Länge l unmittelbar zu messen. Die Ganghöhe h der Schraube bestimmt man, indem man die Schraube auf einem Blatt Papier abdrückt und mehrere Windungen mit einem Millimeterstab mißt.

51.5 Besonderheiten der Röhrenlibellen.

a) Die *Libellenteilung* geht bei Gebrauchsinstrumenten in der Regel von der Mitte aus nach beiden Seiten; für feinere Libellen ist sie durchlaufend beziffert. Bei der Ablesung von Libellen mit Mittelteilung hilft man sich, indem man eine Richtung, etwa die am Fernrohrobjektiv, als + -Richtung betrachtet.

b) *Wendelibellen* sind auf der Oberseite und der Unterseite ausgeschliffen und geteilt, so daß sie in beiden Lagen benutzt werden können. Sie haben deshalb eine obere und eine untere Libellenachse, die parallel sein müssen. Diese Forderung ist bei neueren Libellen bis auf wenige Bogensekunden erfüllt.

c) *Kammerlibellen* enthalten an einem Ende eine durch eine Scheidewand abgetrennte Kammer, in die ein Teil der Libellenflüssigkeit durch Heben und Senken des Kammerendes überführt werden kann. Dadurch läßt sich die zwangsläufig von der Temperatur der Libellenflüssigkeit abhängige Blasenlänge regulieren. Besser baut man die Libelle in eine isolierende Fassung ein, so daß Temperatureinflüsse möglichst ferngehalten werden.

d) Bei *Koinzidenzlibellen* ist, um eine sehr scharfe Einstellung der Libelle vom Beobachterstand aus zu ermöglichen, über der Libelle ein Prismensystem angebracht, das die Blasenenden in der Längsrichtung spaltet und die Bilder der gespaltenen Blasenenden nebeneinanderspiegelt. Wenn man dann durch Bewegen der Fußschrauben des Unterbaus die beiden gespaltenen Blasenenden zur Koinzidenz bringt, so daß sie sich zu einer symmetrischen Figur vereinigen, spielt die Libelle ein. Koinzidenzlibellen haben in der Regel keine Teilung. Zur Bestimmung der Angabe mißt man den Blasenweg am Glaskörper mit einem Millimeterstab und bezeichnet als Angabe den Neigungswinkel, der einem Blasenweg von 2 mm entspricht.

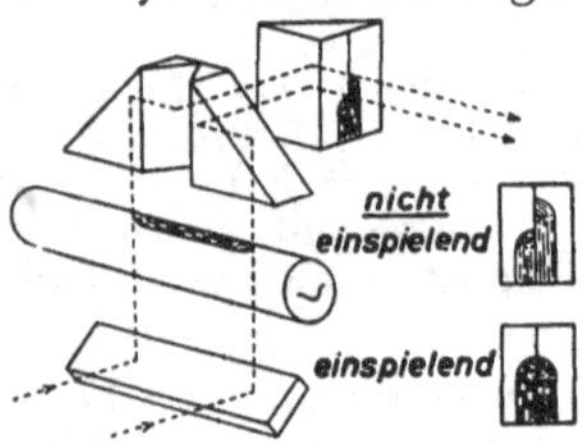

Bild 61. Koinzidenzlibelle.

e) Die *Reitlibelle* ist eine Nebenform der Setzlibelle. Sie dient zum Horizontieren von zylindrischen Achsen. An Stelle der ebenen Grundfläche hat sie zwei meistens kreisförmig ausgesägte Füße. Setzlinie ist die Verbindungsgerade der Scheitelpunkte.

f) *Libellenkreuzung* liegt vor, wenn die Achse einer mit einem Fernrohr verbundenen Libelle nicht parallel zur Zielachse ist, oder wenn die Achse einer Reitlibelle nicht parallel zur zylindrischen Achse verläuft. Man erkennt die Libellenkreuzung daran, daß die Blase beim Hin- und Herwälzen des Fernrohrs — bzw. beim Hin- und Herkippen der Reitlibelle — nach verschiedenen Seiten läuft. Die Libellenkreuzung kann durch seitlich wirkende Justierschrauben beseitigt werden.

52 Das Meßfernrohr

52.1 Geometrisch-optische Grundbegriffe. Aus der geometrischen Optik, die hier als bekannt vorausgesetzt wird, seien die für die Fernrohroptik wichtigsten Beziehungen kurz zusammengestellt:

Eine Linse ist ein von zwei Kugelflächen begrenzter durchsichtiger Glaskörper. Die Verbindung der beiden Kugelmittelpunkte ist die optische Achse der Linse; auf ihr liegt auch der optische Mittelpunkt der Linse.

Linsen, die nach den Rändern dünner werden, heißen konvexe oder Sammellinsen; Linsen, die in der Mitte dünner sind als am Rand, heißen konkave oder Zerstreuungslinsen. Im einzelnen gibt es folgende Formen:

Bild 62. a—c Sammellinsen, d—f Zerstreuungslinsen.

Die meisten optischen Instrumente enthalten mehrere Linsen, die zentriert sein müssen. Ein System von Linsen ist zentriert, wenn die optischen Achsen der Linsen einer Geraden angehören.

Die Gesetze für den Gang der Lichtstrahlen durch Linsensysteme werden sehr einfach, wenn man sich auf achsnahe Strahlen beschränkt und — was in der Praxis allerdings meistens nicht zutrifft — unterstellt, daß die Linsen verschwindend dünn sind.

52.11 Die *Abbildung durch konvexe Linsen* unterliegt dann in großen Zügen folgenden Gesetzen:

a) Lichtstrahlen, die den optischen Mittelpunkt der Linse durchdringen, treten — von einer kleinen Parallelverschiebung abgesehen — ungebrochen hindurch.

b) Parallel zur optischen Achse einfallende Strahlen vereinigen sich nach ihrem Austritt aus der Linse in deren Brennpunkt. Verlaufen die Strahlen schräg zur Achse, aber untereinander parallel, so schneiden sie sich dort, wo der durch den optischen Mittelpunkt einfallende Strahl die Brennebene trifft.

c) Diese Gesetze gelten entsprechend für den Strahlenverlauf in umgekehrter Richtung.

Für die Fernrohroptik sind die nachstehenden Fälle wichtig, bei deren Darstellung, wie üblich, unter a die Gegenstandsweite und b die Bildweite verstanden ist.

1. Fall $a > 2f$: Abbildung durch eine Sammellinse. Zur Ableitung der Linsengleichung entnimmt man der Figur $y : y' = (a - f) : f$ und erhält daraus durch Umformung

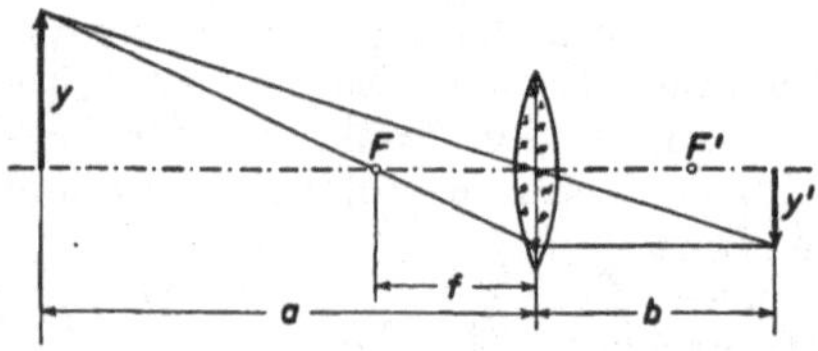

$$\frac{1}{a} + \frac{1}{b} = \frac{1}{f} . \qquad (1)$$

Bild 63.

Die Linse entwirft ein reelles verkleinertes umgekehrtes Bild des Gegenstandes, das bei endlichem a hinter der Brennebene entsteht. Die Bildgröße y' errechnet sich aus

$$y' = \frac{b}{a} y .$$

2. Fall $a \leqq f$: Die Sammellinse als Lupe. Ist $a < f$, so kommen nicht die Strahlen selbst, sondern ihre rückwärtigen Verlängerungen zum Schnitt. Es entsteht ein virtuelles aufrechtes vergrößertes Bild; die Linse wird zur Lupe. Die Bildweite ist negativ, so daß die Lupengleichung lautet

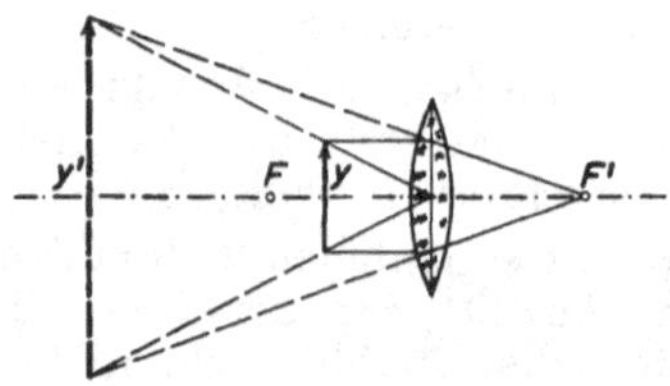

$$\frac{1}{a} - \frac{1}{b} = \frac{1}{f} . \qquad (2)$$

Bild 64.

Rückt der Gegenstand in den vorderen Brennpunkt, so wird $b = a$. Die vom Gegenstandspunkt kommenden Strahlen fallen parallel zueinander aus, so daß das Auge eines normalsichtigen Beobachters sich entspannen kann. Er wird die Lupe daher unwillkürlich so halten, daß der Gegenstand sich im vorderen Brennpunkt befindet. Für diesen Fall läßt sich die Lupenvergrößerung — das ist das Verhältnis der Sehwinkel, unter dem ein Gegenstand mit bewaffnetem Auge und unbewaffnetem Auge gesehen wird — leicht angeben: Bei freiem Auge hält der Beobachter den Gegenstand in die günstigste Sehweite

w, die beim Normalsichtigen 25 cm beträgt; sein Sehwinkel ist also gleich $y : w$. Der Sehwinkel beim Blick durch die Lupe aber ist gemäß nebenstehendem Bild gleich $y : f$. Mithin ist die Lupenvergrößerung

$$v = \frac{y : f}{y : w} = \frac{w}{f}. \tag{3}$$

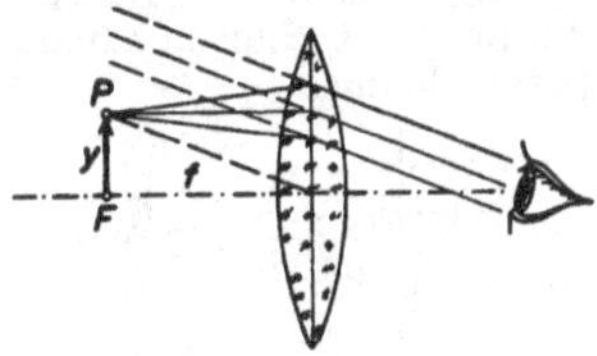

Bild 65.

Wirksame Lupen müssen also kurze Brennweiten haben.

52.12 Die *Abbildung durch konkave Linsen* gibt virtuelle verkleinerte aufrechte Bilder. Bildweite und Brennweite werden negativ, so daß die Linsengleichung lautet

$$\frac{1}{a} - \frac{1}{b} = -\frac{1}{f}. \tag{4}$$

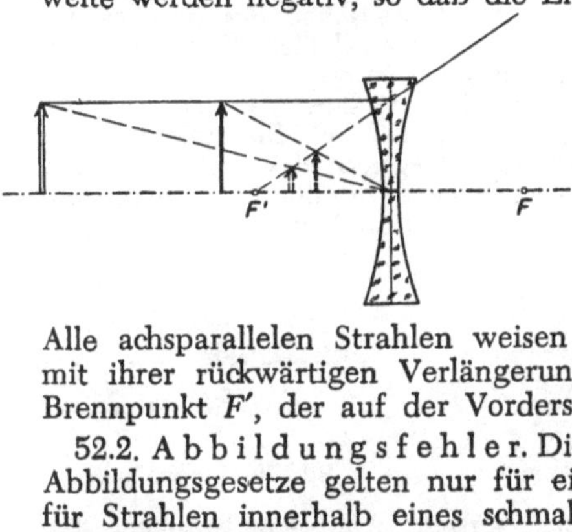

Bild 66.

Alle achsparallelen Strahlen weisen nach der Brechung mit ihrer rückwärtigen Verlängerung auf den hinteren Brennpunkt F', der auf der Vorderseite der Linse liegt.

52.2. Abbildungsfehler. Die oben beschriebenen Abbildungsgesetze gelten nur für einfarbiges Licht und für Strahlen innerhalb eines schmalen stricknadeldicken Raumes längs der optischen Achse. Andernfalls treten Bildfehler auf, die die Bildgüte verringern oder Lagefehler der Bildorte zur Folge haben.

Achsenparallele Strahlenbündel werden von der Farbabweichung und von der Kugelabweichung betroffen. Bei schräg einfallenden Bündeln kommen Astigmatismus und Bildwölbung und, wenn die Bündel breit sind, außerdem das

Koma hinzu. Schließlich tritt bei Abbildung außerhalb der Achse die sogenannte Verzeichnung auf.

a) Die *Farbabweichung* oder *chromatische Aberration* entsteht, weil der kurzwellige (violette) Teil des weißen Lichtes stärker gebrochen wird als der langwellige (rote) Teil. Infolgedessen sind die Bildorte von der Farbe des Lichtes abhängig, und es erscheinen Bilder mit farbigen Säumen.

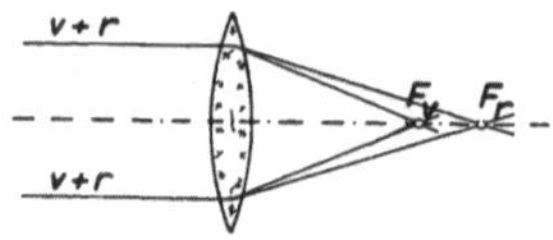

Bild 67. Farbabweichung.

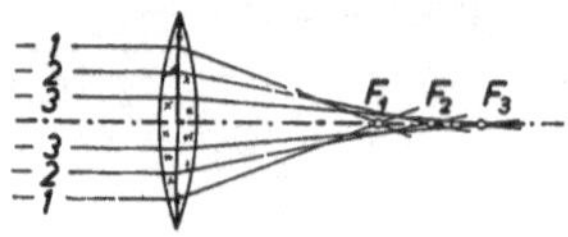

Bild 68. Kugelabweichung.

b) Die *Kugelabweichung* oder *sphärische Aberration* wird dadurch hervorgerufen, daß achsferne Strahlen stärker gebrochen werden als achsnahe Strahlen. Daher sind die Bildorte auf der Achse von der Einfallshöhe des Strahles abhängig. Der Beobachter sieht einen hellen Kern, der von einem *Zerstreuungskreis* umgeben ist.

c) Der *Astigmatismus* schräger Strahlen — wörtlich übersetzt die Punktlosigkeit — entsteht, weil für außerhalb der Achse liegende Punkte eines Gegenstandes die Brennweite der Linse in den verschiedenen durch die Linsenachse hindurchgehenden Ebenen verschieden groß ist.

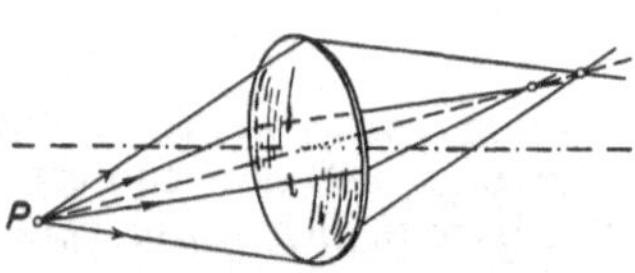

Bild 69. Astigmatismus.

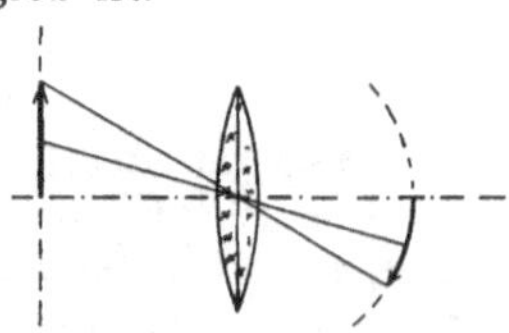

Bild 70. Bildwölbung.

d) Unter *Bildwölbung* versteht man den Umstand, daß achsnormale Gegenstandsebenen nicht als Ebenen, sondern als flache Schalen abgebildet werden.

e) Das *Koma* ist die sphärische Aberration bei schräg einfallenden Bündeln; der Gegenstandspunkt wird als verwaschener Kern mit einer Art Kometenschweif abgebildet.

f) Die *Verzeichnung* entsteht, weil alle Geraden, die die optische Achse nicht schneiden, im Bilde gekrümmt erscheinen, so daß zum Beispiel ein Gegenstandsquadrat tonnenförmig oder kissenförmig verzeichnet wird.

Die Verzeichnung spielt bei den geodätischen Meßfernrohren keine große Rolle. Um so beachtlicher ist sie für die Photogrammetrie, wo sie durch äußerst komplizierte Linsensysteme beseitigt werden muß.

52.3 Das Meßfernrohr. Das Fernrohr besteht in seiner einfachsten von J. Kepler bereits im Jahre 1611 angegebenen Form aus zwei zentrierten Sammellinsen, und zwar einer Objektivlinse mit großer und einer Okularlinse mit kleiner Brennweite. Das Objektiv liefert ein umgekehrtes verkleinertes Bild, das durch das Okular betrachtet wird. Für einen in endlicher Entfernung be-

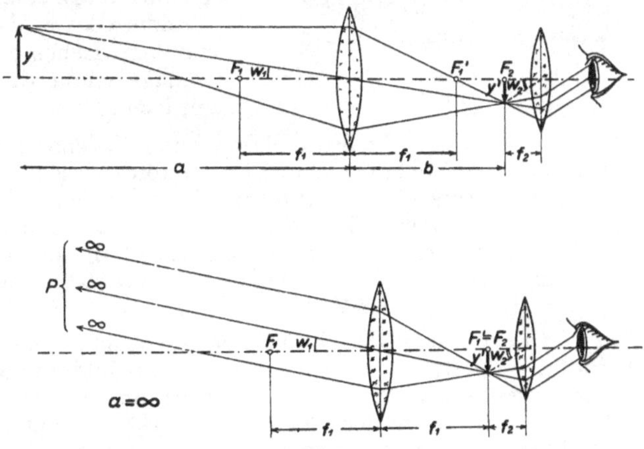

Bild 71.

findlichen Gegenstand ergibt sich daraus der vorstehend im oberen Bild gezeichnete Strahlengang, während das untere Bild die Abbildung eines seitlich der Achse liegenden ∞ fernen Gegenstandes zeigt.

Um das Fernrohr zu einem Meßfernrohr auszugestalten und gleichzeitig die Abbildungsfehler möglichst weit herunterzudrücken, sind einige Zusatzeinrichtungen und mehrere Abwandlungen vom ursprünglichen Typ erforderlich.

52.31 *Das Fadenkreuz.* Damit das Fernrohr auf ein Ziel eingestellt werden kann, ist am hinteren Ende in älteren Instrumenten ein aus Spinnfäden bestehendes Fadenkreuz, in neueren Instrumenten eine Glasplatte mit einem feinen Strichkreuz eingebaut. Das Kreuz befindet sich in der Regel kurz vor dem Okular, das zum Scharfsehen ein wenig verstellt werden kann.

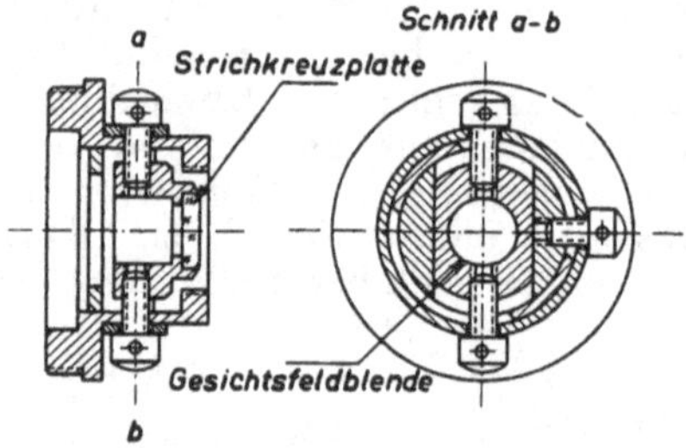

Bild 72.

Optischer Mittelpunkt des Objektivs und Fadenschnitt bestimmen die Ziellinie. Um diese erforderlichenfalls parallel der Achse einer Fernrohrlibelle oder senkrecht zur Kippachse eines Theodolits machen zu können, wird das Fadenkreuz von einem Ring gehalten, der mit Hilfe von Justierschrauben geringfügig verschoben werden kann (Justierung der Zielachse).

52.32 *Okularauszug und Zwischenlinse.* Wenn das Ziel in endlicher Entfernung liegt, entsteht das Bild hinter der Brennebene des Objektivs, und zwar um so weiter nach hinten, je näher der Gegenstand rückt. An genau diese Stelle muß das Fadenkreuz gebracht werden. Das läßt sich, nachdem zuvor das Okular so eingestellt ist, daß das Fadenkreuz scharf gesehen wird, auf zwei verschiedenen Wegen erreichen; entweder man verschiebt das Fadenkreuz nebst dem mit ihm verbundenen Okular mit Hilfe eines Okularauszuges an den Ort des Bildes, oder man verlegt das Bild mittels einer Zwischenlinse in die Fadenkreuzebene.

Beim *Fernrohr mit Okularauszug* ist das Okular in einem Rohr untergebracht, das etwas enger als das Objektivrohr ist und mit Hilfe einer Zahnstange und eines Zahnrades bewegt wird, so daß das Fadenkreuz

Bild 73.

an den Ort der Bildentstehung gebracht werden kann. Diese Lösung ist bis vor einigen Jahrzehnten fast ausschließlich benutzt worden. Sie hat den Nachteil, daß Staub in das Innere des Fernrohrs eindringen kann, und daß bei längerem Gebrauch der Okularauszug zu schlottern beginnt.

Beim *Fernrohr mit Zwischenlinse* — auch Fernrohr von unveränderlicher Länge genannt — kann das Fadenkreuz seinen Ort nicht verändern. Das vom Objektiv

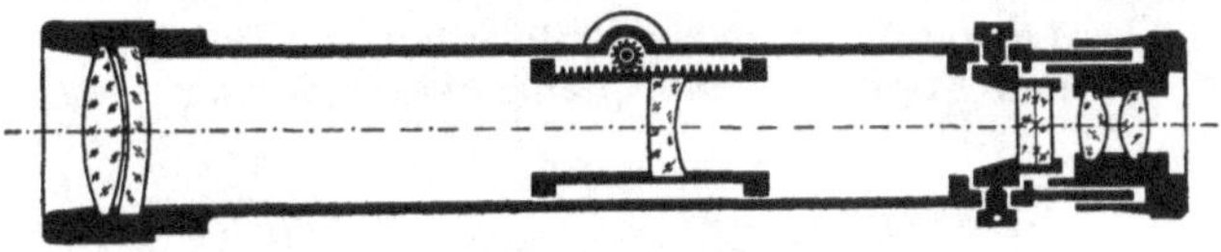

Bild 74.

erzeugte Bild muß daher in die Fadenkreuzebene verlegt werden. Hierzu ist zwischen der Objektivlinse und ihrem hinteren Brennpunkt eine — meistens schwach negative — Zwischenlinse eingebaut, die die vom Objektiv gesammelten Strahlen ein wenig zerstreut. Die Strahlen vereinigen sich infolgedessen erst etwas später, d. h. das Bild entsteht weiter hinten, und zwar um so weiter, je näher die Zwischenlinse dem Objektiv ist.

Diese Lösung vermeidet die Nachteile des Okularauszuges. Sie ermöglicht es ferner, obwohl das vom Objektiv entworfene Bild etwas hinausgeschoben wird, das Fernrohr durch Wahl passender Brennweiten gegenüber dem Fernrohr mit Okularauszug noch etwas zu verkürzen.

52.33 *Objektiv und Okular* werden zur Bekämpfung von Farbabweichung und Kugelabweichung aus mehreren Linsen mit verschiedener Brechkraft und verschiedenen Halbmessern zusammengesetzt. Bei Okularen wird zur Minderung der Farbabweichung außerdem ein Abstand zwischen den Einzellinsen gelassen.

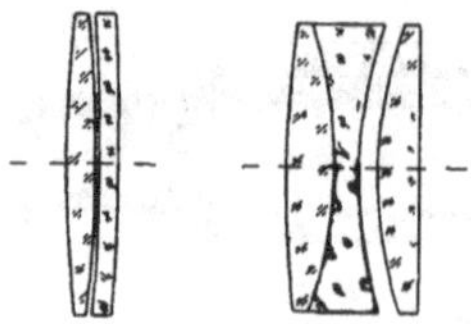

Bild 75. Frauenhofersches u. apochromatisches Objektiv.

Als *Objektiv* wurde bei geodätischen Instrumenten früher überwiegend der von Frauenhofer angegebene Typ verwandt, der aus einer bikonvexen Linse aus dem verhältnismäßig schwach brechenden Kronglas ($n = 1{,}52$) und einer konkav-konvexen Linse aus dem stark brechenden Flintglas ($n = 1{,}62$) besteht. Neuere Instrumente sind oft mit Apochromaten ausgestattet.

Das *Okular* ist in seiner einfachsten von Ramsden angegebenen Form aus zwei plankonvexen Linsen gleicher

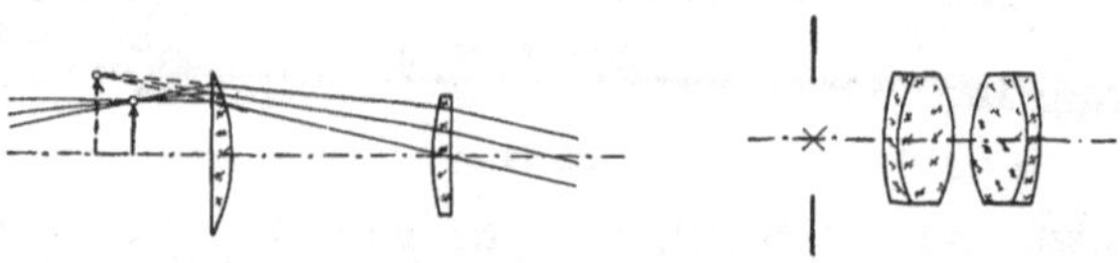

Bild 76. Ramsdensches und orthoskopisches Okular.

Brennweite zusammengesetzt, deren Abstand $^2/_3 f$ beträgt und die ihre gewölbten Seiten einander zukehren. Damit auch ein nicht normalsichtiger Beobachter Bild und Fadenkreuz scharf sieht, kann das Okular gegenüber dem Fadenkreuz ein wenig herein- oder herausgedreht werden. Bei modernen — z. B. bei orthoskopischen — Okularen sind Kollektivlinse und Augenlinse aus je zwei Linsen zusammengesetzt.

52.34 *Die Blenden.* Um Astigmatismus, Bildfeldwölbung und Koma klein zu halten, werden die auf das Objektiv fallenden Strahlenbündel durch Öffnungsblenden begrenzt; ferner werden Bündel mit zu großer Neigung des Hauptstrahles durch Gesichtsfeldblenden abgeschnitten. Öffnungsblende ist in der Regel die Objektivfassung. Gesichtsfeldblende ist der Ring, der das Fadenkreuz trägt; sie bewirkt, daß ein schräg einfallendes Strahlenbündel nur dann ins Okular gelassen wird, wenn nicht mehr als die Hälfte des Bündels durch die Okularfassung abgeschnitten wird.

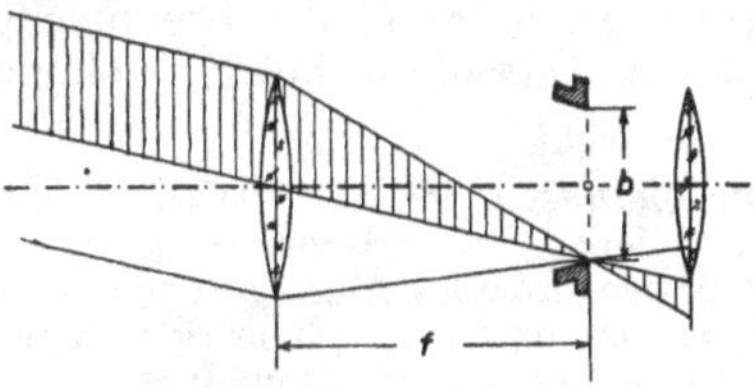

Bild 77. Öffnungsblende und Gesichtsfeldblende.

Denkt man sich die Gesichtsfeldblende durch das Objektiv in den Gegenstandsraum abgebildet, so bewirkt sie eine scharfe Begrenzung des Gegenstandes, die wie eine in der Örtlichkeit aufgestellte Maske wirkt. Diese scheinbare Maske heißt *Eintrittsluke.*

Die Bilder der Öffnungsblende heißen *Pupillen.* Ist die Objektivfassung Öffnungsblende, so ist sie auch gleichzeitig *Eintrittspupille;* ihr durch das Okular — und gegebenenfalls die Zwischenlinse — entworfenes Bild ist

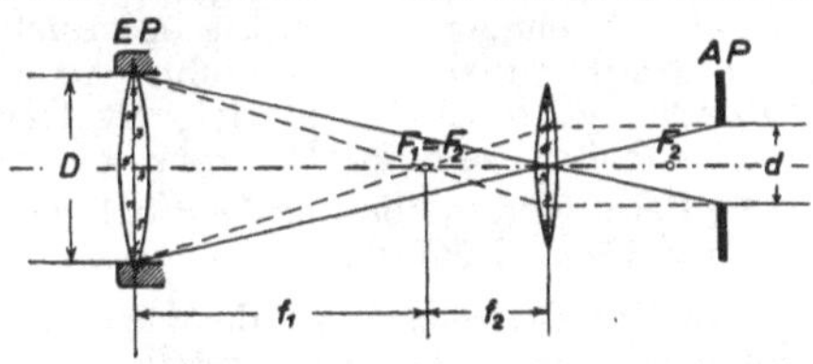

Bild 78. Ein- und Austrittspupille.

die *Austrittspupille.* Sie erscheint als heller Kreis in der Nähe des hinteren Brennpunktes des Okulars und kann dort auf einem Maßstab aufgefangen und gemessen werden.

52.4 Vergrößerung, Gesichtsfeld und Helligkeit sind die Eigenschaften, die vor allen anderen den Wert eines Fernrohrs kennzeichnen. Man definiert sie für ein auf ∞ eingestelltes Fernrohr. Um die Darstellung möglichst einfach zu halten, soll von dem im unteren Bild 71 dargestellten Fall ausgegangen werden; doch wird unter f_2 die Brennweite des Okulars und bei Fernrohren mit Zwischenlinsen unter f_1 die Brennweite des Systems Objektiv plus Zwischenlinse bei Einstellung auf ∞ verstanden.

52.41 *Die Fernrohrvergrößerung* v ist das Verhältnis der Sehwinkel w_2 und w_1, unter denen ein entfernter Gegenstand mit bewaffnetem und mit unbewaffnetem Auge gesehen wird. Im Bild 71 treten die Winkel w_1 und w_2 auch in dem Raum zwischen den beiden Linsen L_1 und L_2 auf. Danach ist

$$w_1 = \frac{y'}{f_1} \; ; w_2 = \frac{y'}{f_2} \; . \text{Also } v = \frac{w_2}{w_1} = \frac{f_1}{f_2} \; .$$

Es besteht ferner, wenn D der Durchmesser der Eintrittspupille (Objektivfassung) und d der Durchmesser der Austrittspupille ist, gemäß Bild 78 das Verhältnis $f_1 : f_2 = D : d$, so daß $v = D : d$ ist. Um v nach dieser Formel zu bestimmen, stelle man das Fernrohr auf ∞, messe D direkt und fange d mit einem hinter das Okular zu haltenden Maßstab oder besser noch mit einem Dynameter auf, d. h. mit einer Lupe, die in ihrem Gesichtsfeld eine feine Teilung trägt.

Die Vergrößerung läßt sich genähert auch so ermitteln, daß man eine in einiger Entfernung aufgestellte Nivellierlatte mit einem Auge durch das Fernrohr, mit dem anderen direkt anvisiert und feststellt, wieviel mit freiem Auge gesehene Latteneinheiten eine im Fernrohr gesehene Einheit decken.

Die Fernrohrvergrößerung liegt bei geodätischen Fernrohren zwischen 15- und 50fach.

52.42 *Das Gesichtsfeld* ist der kegelförmige Raum mit dem Öffnungswinkel γ, der bei Einstellung auf ∞ von den durch den Rand der Gesichtsfeldblende gehenden Hauptstrahlen gebildet wird. Man mißt γ, indem man an einem in nicht zu kleiner Entfernung a aufgestellten Maßstab die äußersten im Gesichtsfeld wahrnehmbaren Maßstabsstriche abliest.

Ist l der Abstand dieser Striche, so ist

$$\gamma = \frac{l}{a} \varrho .$$

γ ist bei geodätischen Meßfernrohren 1 bis 2^g groß.

52.43 Unter *Fernrohrhelligkeit* sei das Verhältnis der Flächenhelligkeiten H und H_0 verstanden, unter denen das bewaffnete und das unbewaffnete Auge den Gegenstand wahrnimmt. Sind d und p die Durchmesser von Austritts- und Augenpupille und ist c ein Koeffizient, der die Lichtdurchlässigkeit des Fernrohrs in Einheiten des ursprünglichen Lichtstroms kennzeichnet, so ist

$$h = \frac{H}{H_0} = c\left(\frac{d}{p}\right)^2 .$$

Dabei ist Voraussetzung, daß $p \geqslant d$ ist. Die durch das Fernrohr auf der Netzhaut entworfenen Bilder sind also nur im Idealfall — d. h. $c = 1$ und $d = p$ — ebenso hell wie beim Sehen mit unbewaffnetem Auge. c ist jedoch immer kleiner als 1. Zur Abschätzung von c gilt die Regel, daß jede brechende Fläche 5 % des Lichtes reflektiert und jeder Zentimeter Glasweg 0,5 % Licht absorbiert. Die Reflexionsverluste gehen jedoch auf rd. 1 % zurück, wenn auf die Linsen der reflexmindernde „T-Belag" aufgedampft ist, den man an einem violetten Schimmer erkennt. Solche Linsen werden als „vergütet" bezeichnet. Ein Fernrohr mit Objektiv, Zwischenlinse, Fadenplatte und zwei Okularlinsen verliert bei nicht vergüteten Linsen rund 40 % Licht, bei T-Belag jedoch nur 10 %, so daß c im ersten Fall 0,6 im zweiten 0,9 ist. Der T-Belag ist besonders für Messungen bei trübem Licht sehr vorteilhaft.

Die optischen Firmen geben als Fernrohrhelligkeit häufig einfach den Wert von d^2 an.

52.5 Gebrauch des Fernrohrs. Vor Beginn der Beobachtung muß eine etwaige „Fadenparallaxe", d. h. ein Auseinanderfallen von Bildebene und Fadenkreuzebene, beseitigt werden. Das erreicht man in folgenden Schritten:

1. Fernrohr gegen den Himmel richten und Okular so lange verschieben, bis das Fadenkreuz scharf gesehen wird;

2. Fernrohr auf den Gegenstand richten und Okularauszug oder Zwischenlinse bewegen, bis auch ein scharfes Bild des Gegenstandes erscheint:

3. zur Probe Kopf hin- und herneigen; dann darf das Bild seine Lage gegenüber dem Fadenkreuz nicht mehr ändern.

Nach Beseitigung der Parallaxe wird das Fadenkreuz mit den Feinstellschrauben des Instruments genau in das Ziel gebracht. Der mittl. Ziel- oder Einstellfehler ist nach dem Ergebnis empirischer Untersuchungen an Fernrohren von 10- bis 50facher Vergrößerung

$$m_e = \pm \frac{10^{cc}}{\sqrt{v}} \text{ bis } \pm \frac{15^{cc}}{\sqrt{v}} .$$

Bei Feldmeßinstrumenten kann m_e zu 2″ oder 6^{cc} angenommen werden.

53 Stative und Unterbauten

53.1 Stative und Stativverbindungen. Die größeren Meßinstrumente werden zur Feldarbeit auf Stative gesetzt. Ein Stativ hat drei hölzerne Beine, die durch einen Stativteller zusammengehalten werden. Das einzelne Bein besteht aus zwei sich nach unten verjüngenden Streben, die durch Querhölzer versteift und am unteren Ende mit einer eisernen Spitze versehen sind. Seit einigen Jahrzehnten werden auch Stative mit einschiebbaren Beinen gebaut.

Die Beine sind am Teller entweder mit Hilfe eines Schraubbolzens nebst anziehbarer Flügelmutter oder durch ein Kugelgelenk, neuerdings auch durch ein Walzengelenk, so befestigt, daß sie ohne zu schlottern in Ebenen senkrecht zur Tellerebene geschwenkt werden können.

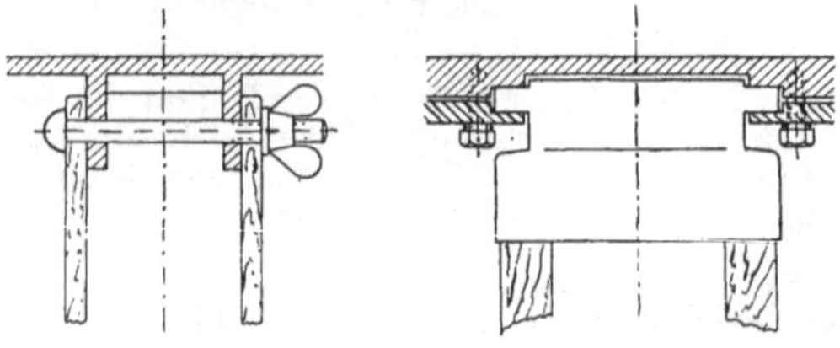

Bild 79. Stativköpfe.

Das Stativ wird mit dem Unterbau des Instruments bei älteren Typen mit Hilfe einer Schraubstange verbunden, die durch eine kreisförmige Öffnung im Stativteller hindurchgreift und an den Unterbau geschraubt wird, während eine starke Spiralfeder das Instrument an den Teller heranzieht. Die drei Füße des Unterbaus stehen auf Fußplatten oder sie fassen mit ihren Spitzen in Kerben, die auf dem Stativteller angebracht sind.

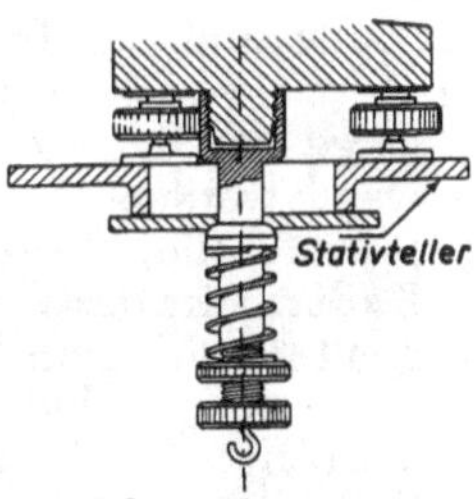

Bild 80. Schraubstange.

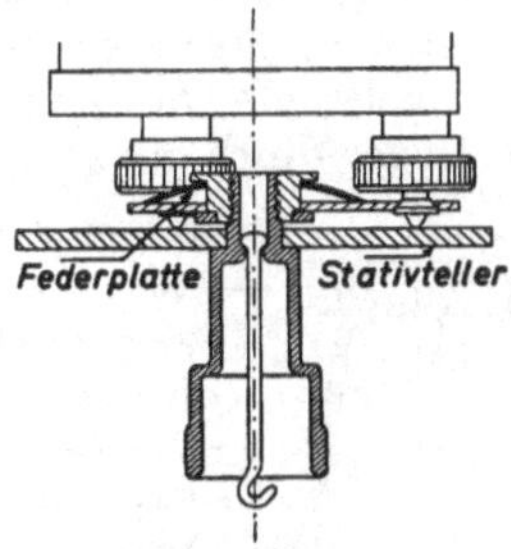

Bild 81. Federplatte.

Bei neueren Instrumenten ruhen die Füße des Unterbaus auf einer Grundplatte, die mittels einer Anzugschraube gegen den Stativteller gepreßt wird. Eine zweite — federnde — Platte, die mit der Grundplatte durch Schrauben leicht verbunden ist, umfaßt die Füße und hält den Unterbau federnd fest.

53.2 Unterbauten. Der Unterbau der geodätischen Instrumente besitzt neben den drei Fußschrauben eine *Buchse*, die den unteren Teil der Vertikalachse des Instruments, den *Zapfen*, aufnimmt. Zapfen und Buchse haben bei älteren Instrumenten konische Form, wobei der Zapfen zur Entlastung auf einer Blattfeder ruht. In den letzten Jahren sind (veranlaßt durch die Fortschritte in der Feinmechanik) viele Firmen zum Bau von Zylinderachsen übergegangen. Dadurch erübrigt sich das ständige Überwachen, Reinigen und Ölen der Achsen. Dreifuß und Buchse sind bei manchen Instrumenten nicht mehr fest miteinander verbunden, sondern die Buchse hängt am Oberbau, sie wird in eine Ausbohrung des Dreifußes eingesetzt und dort mit einer Druckschraube festgeklemmt.

Um das Horizontieren der Instrumente zu beschleunigen, baut die Schweizer Firma Kern Gelenkkopfstative nach völlig neuen Gesichtspunkten. Bei ihnen ist der Unterbau mit dem Stativ fest verbunden. Er besteht aus einer in der Mitte durchbohrten Säule, die von einem Kugelsegment überdacht wird. Auf dem Segment kann eine Kugelschale, die eine Dosenlibelle und das Instrument trägt, durch einen nach unten weisenden Arm so lange hin und her bewegt werden, bis die Dosenlibelle einspielt. Dadurch ist das Instrument bereits grob horizontiert, so daß nur noch eine Feinhorizontierung mit kurzen, dem jeweiligen Instrumententyp angepaßten Druckschrauben erforderlich ist.

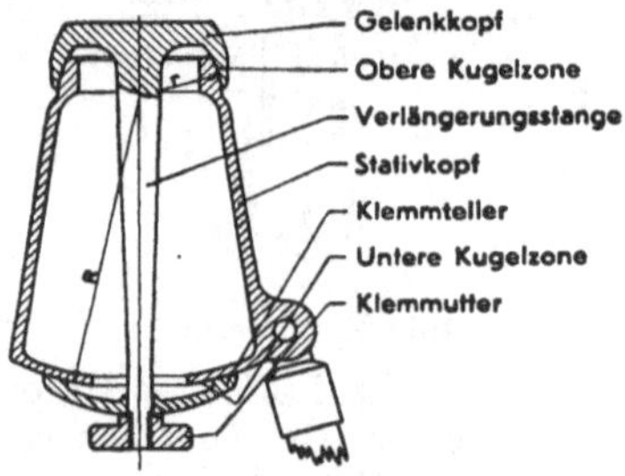

Bild 82. Gelenkkopfstativ.

6 Instrumente und Geräte zum Nivellieren

61 Einfache Nivelliergeräte

Den Grundgedanken des Nivellierens oder Einwägens zeigt das nebenstehende Bild. Man ermittelt den Unterschied der Geländehöhen von *A* und *B*, indem man den lotrechten Abstand beider Punkte von einer horizon-

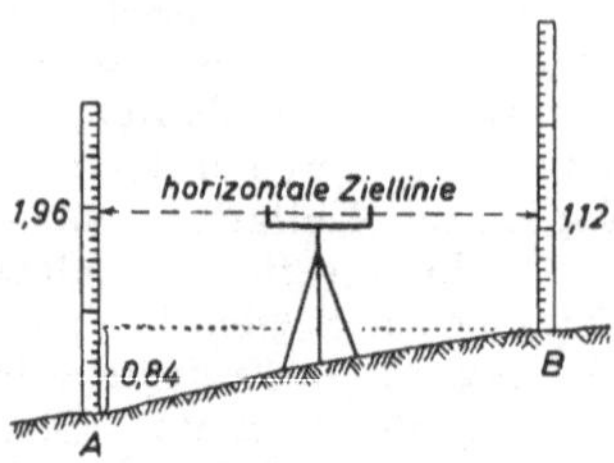

Bild 83.

talen Ziellinie mißt. Dazu benötigt man ein Nivelliergerät, mit dem man eine horizontale Ziellinie herstellen kann, und zwei Nivellierlatten, mittels derer sich die lotrechten Abstände der Geländepunkte von der genannten Ziellinie messen lassen. In obigem Bild ist der Höhenunterschied zwischen *A* und *B* gleich 1,96–1,12 = 0,84 m.

61.1 Die Kanalwaage. Das einfachste Nivellierinstrument ist die Kanalwaage; sie besteht aus zwei Glaszylindern, die durch ein Rohr miteinander verbunden und mit einer farbigen Flüssigkeit gefüllt sind. Bringt man sie in eine der nebenstehenden Darstellung entsprechende Lage, so erhält man durch Visieren über den Flüssigkeitsspiegel eine horizontale Ziellinie. Die Zielgenauigkeit ist jedoch so gering, daß die Kanalwaage in der hier skizzierten Form kaum noch benutzt wird.

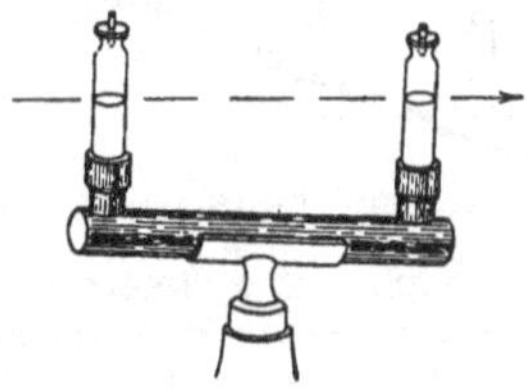

Bild 84. Kanalwaage.

61.2 Die Schlauchwaage. Ersetzt man das Verbindungsrohr der Kanalwaage durch einen 20 bis 30 m langen Schlauch und die Zylinder durch Standgläser mit Millimeterteilung, so entsteht eine Schlauchwaage. Sie wird beim Bau von Straßen, Brücken, Kanalisationen usw., zumal in schwer einzusehendem Gelände, gern verwandt.

Nachdem etwaige Luftblasen durch Bewegen des Schlauches entfernt sind, hält man die beiden Standgläser in gleicher Höhe senkrecht nebeneinander, um einen etwaigen Unterschied des Wasserstandes, die Nullpunktskorrektur, zu ermitteln. Dann bringt man die Standgläser an die Meßstellen, wartet einige Minuten, bis das Wasser im Schlauch sich beruhigt hat, und liest an beiden Enden mehrere Male ab, mittelt die Ergebnisse und stellt die Nullpunktskorrektur in Rechnung. Bei sachgemäßer Handhabung ist dann für eine einzelne Höhenunterschiedsbestimmung ein mittlerer Fehler von ± 1—2 mm zu erwarten. Im Bergbau werden Präzisionsschlauchwaagen verwandt, die eine noch sehr viel größere Genauigkeit gewährleisten*).

61.3 D i e S e t z l a t t e. Ein drittes Gerät zur behelfsmäßigen Höhenbestimmung ist die Setzlatte. Das Gerät besteht aus der meistens 3 m langen, mit einer Libelle horizontal zu haltenden Setzlatte und einem in Dezimeter unterteilten, mit einer Dosenlibelle versehenen Peilstab. Das Meßverfahren ist aus der nebenstehenden Abbildung zu erkennen.

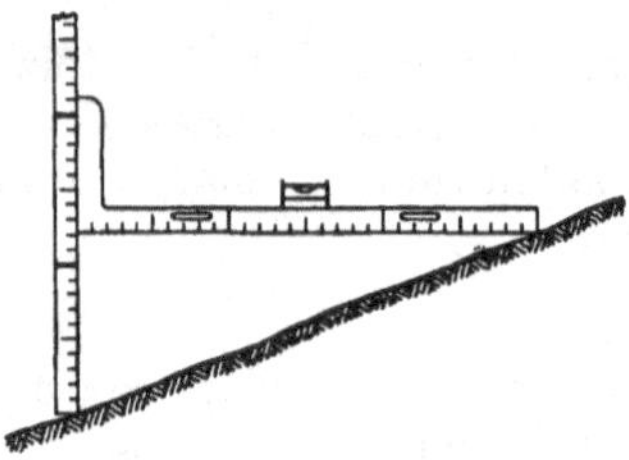

Bild 85. Setzlatte.

Die Setzlatte liefert nur dann richtige Ergebnisse, wenn ihre Unterkante *A B* der Libellenachse parallel ist. Zur Prüfung bestimmt man den Sollhöhenunterschied als Mittel aus zwei mit vertauschten Libellenenden vorgenommenen Messungen und justiert danach die Libelle. Bei sorgfältiger Arbeit kann für eine Lage ein mittl. Fehler von ± 0,5 cm, also gem. 14.4 (13) beim Aneinanderreihen von n Lagen ein mittl. Gesamtfehler von $\pm 0{,}5 \sqrt{n}$ cm erwartet werden.

Der Anwendungsbereich der oben genannten Geräte beschränkt sich auf Höhenmessungen über kurze Entfernungen. Sobald größere Entfernungen zu überbrücken sind, ist man auf ein mit einem Fernrohr ausgestattetes Nivellierinstrument angewiesen.

62 Nivellierinstrumente mit Libellenhorizontierung

62.1 G r u n d l a g e n d e s N i v e l l i e r e n s. Das Nivellier mit Libellenhorizontierung besteht aus einem mit dem Unterbau durch Achse und Fernrohrträger verbundenen Meßfernrohr, das mit Hilfe einer am Fernrohr befestigten Röhrenlibelle (Fernrohrlibelle) so eingerichtet

*) Martin, H., Freiberger Forschungshefte, Reihe C, Heft 7 1953; Spettmann, J., Mitteilungen aus dem Markscheidewesen 1956, S. 122 ff.

werden kann, daß die Zielachse horizontal ist. Sind, wie im Bild 83 angedeutet, in A und B Nivellierlatten senkrecht aufgestellt, so erhält man den Höhenunterschied Δh als Differenz zwischen dem „Rückblick R" nach A und dem „Vorblick V" nach B auf Grund der Formel

$$\Delta h = R - V.$$

Das ist die Grundgleichung des Nivellierens.

Fast alle modernen Nivelliere haben Fernrohre mit Zwischenlinse und Einrichtungen, mittels derer der Beobachter die Libelle ohne Standpunktswechsel an Spiegeln, Prismen oder auch im Fernrohrgesichtsfeld zu beobachten vermag. Unterschiede bestehen vornehmlich in der Lagerung von Fernrohr und Libelle und in der Leistungsfähigkeit der Nivelliere. Man unterscheidet im Hinblick auf die Lagerung des Fernrohrs und der Libelle:

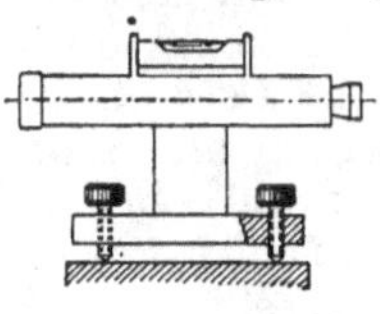

Bild 86. Norddeutsches Nivellier.

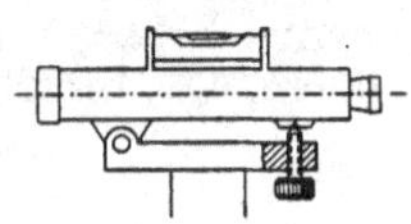

Bild 87. Nivellier mit Kippschraube.

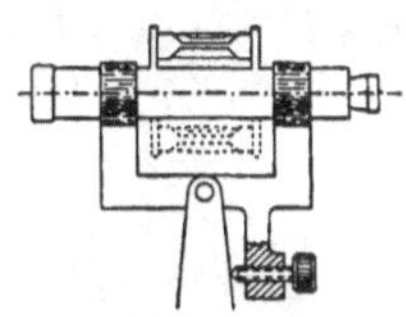

Bild 88. Nivellier mit Ringfernrohr.

a) Nivelliere mit festem Fernrohr, bei denen die Libelle mit dem Fernrohr und das Fernrohr mit dem Fernrohrträger fest verbunden ist (sog. Norddeutsches Nivellier; Bild 86);

b) Nivelliere mit Kippschraube, bei denen die Libelle mit dem Fernrohr fest verbunden ist, das Fernrohr aber gegenüber der Stehachse mit der sogenannten Kippschraube in beschränktem Umfange gekippt werden kann (sog. Süddeutsches Nivellier; Bild 87);

c) Nivelliere mit einer Kippschraube, einem Ringfernrohr, das um seine Längsachse gewälzt werden kann, und einer mit dem Fernrohr fest verbundenen Wendelibelle (Bild 88).

Die in den obigen Prinzipskizzen herausgearbeiteten Unterschiede in der Fernrohrlagerung sind bei den weitgehend verkapselten modernen Instrumenten nicht immer auf den ersten Blick zu erkennen. Sie sind aber insofern von Bedeutung, als die Lagerung des Fernrohrs für das Justierverfahren maßgebend ist.

Der Benutzer unterteilt die Nivelliere in erster Linie nach ihrer Leistungsfähigkeit und ihrem Verwendungszweck in Baunivelliere, Ingenieurnivelliere und Feinnivelliere.

62.2 Baunivelliere sind für einfache technische Höhenmessungen auf Baustellen, für Flächenaufnahmen und für kurze Anschlußnivellements bestimmt, für die keine größere Genauigkeit als ± 1 cm auf 1 km gefordert wird. Solche Instrumente haben einen Objektivdurchmesser von 25 bis 30 mm, 20- bis 25fache Fernrohrvergrößerung und Libellen mit 30″ bis 40″ Angabe auf 2 mm. Als Beispiel sei das nebenstehende Baunivellier Nakum der Fa. Breithaupt, Kassel, Baujahr 1956, genannt. Die wichtigsten technischen Daten sind: Objektivdurchmesser 30 mm; Fernrohrvergrößerung 25fach; Libellenangabe je 2 mm 30″; Libellenablesung mit Klappspiegel.

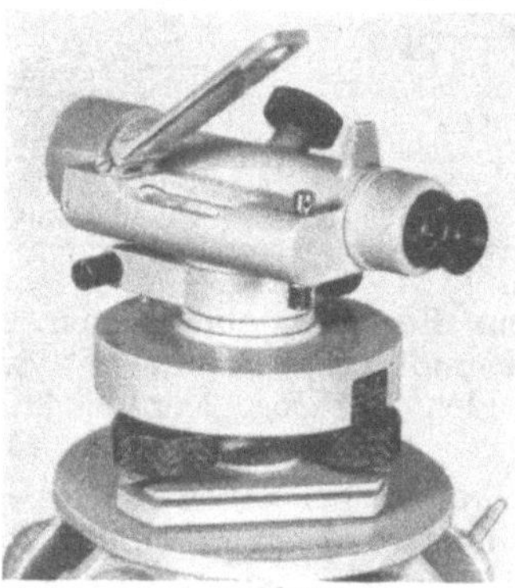

Bild 89
Baunivellier der Firma Breithaupt.

Das Baunivellier gehört zum Typ des Nivelliers mit festem Fernrohr, bei dem das Fernrohr nur mittels der Schrauben des Dreifußes auf und ab bewegt werden kann. Zur Horizontierung des Fernrohrs muß daher die Vertikal- oder Stehachse mit Hilfe der Fernrohrlibelle streng lotrecht gestellt werden. Damit dabei eine horizontale Visur erhalten wird, müssen, wie das Bild 86 erkennen läßt, zwei Bedingungen erfüllt sein:

1. $LL \perp VV$, d. h. Libellenachse und Vertikalachse müssen winkelrecht aufeinanderstehen. Ist das nicht der Fall, so ist der Spielpunkt zu bestimmen und gemäß der Regel 51.32 mit Hilfe der Libellenjustierschrauben auf die Mittelmarke zu verlegen.

2. $LL \parallel ZZ$, d. h. die Zielachse muß der Libellenachse parallel sein. Die Erfüllung dieser Bedingung erfordert zwei Arbeitsgänge:

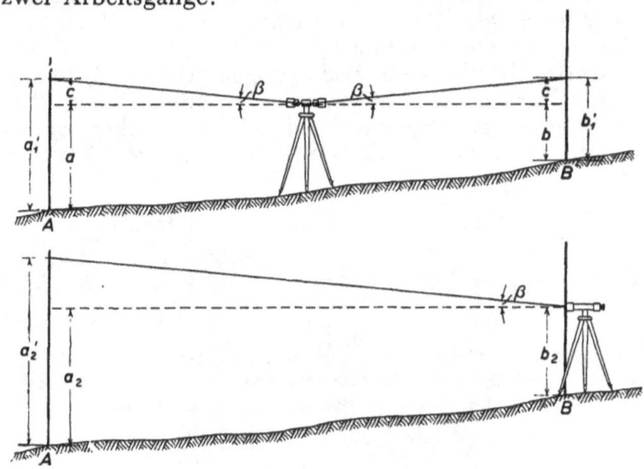

Bild 90.

1. Schritt. Das Instrument wird genau in die Mitte zwischen zwei 60 bis 100 m voneinander entfernten Nivellierlatten aufgestellt, von wo bei einspielender Libelle die Ablesungen a_1' und b_1' gemacht werden. Diese Ablesungen sind, wenn Libellenachse und Zielachse nicht parallel sind, unrichtig, jedoch, weil aus der Mitte nivelliert wurde, um den gleichen Betrag c. Der Fehler c aber fällt beim Bilden der Differenz $a' - b'$ heraus, so daß der Höhenunterschied $\Delta h = a - b$ fehlerfrei erhalten wird.

2. *Schritt.* Das Instrument wird nunmehr möglichst nahe an die Latte in B gestellt, und es wird bei einspielender Libelle an der Latte in B die Ablesung b_2 gemacht, die infolge der kurzen Zielweite durch einen Justierungsfehler nicht spürbar verfälscht ist. Wird dann — immer bei einspielender Libelle — die Latte in A anvisiert, so muß dort die Sollablesung $a_2 = b_2 + \Delta h$ erscheinen. Ergibt sich ein anderer Wert a_2', so ist das Fadenkreuz mit seinen Justierschrauben so weit zu verschieben, bis die Ablesung a_2 erscheint.

Mit der Erfüllung der Bedingungen (1) und (2) ist das Baunivellier justiert. Mit einem justierten Baunivellier erhält man bei einspielender Libelle nach allen Seiten — auch bei ungleichen Zielweiten — horizontale Visuren.

Beispiel:

Stand Mitte		Stand bei B	
Ablesung bei A:	2,261	Ablesung bei B:	1,532
Ablesung bei B:	1,342	Ablesung bei A:	2,465
Δh =	0,919	Soll = Abl. $B + \Delta h$ =	2,451

Nachdem das Fadenkreuz mit seinen Justierschrauben auf die Sollablesung gebracht worden war, wurde mit veränderter Fernrohrhöhe folgende Probemessung gemacht:

A: 2,343	A: 2,569
B: 1,425	B: 1,650
= 0,918	= 0,919

62.3 Ingenieurnivelliere dienen vornehmlich zu Ingenieurarbeiten und zu Festpunktnivellements, für die eine Genauigkeit von ± 3 bis 5 mm auf 1 km verlangt wird. Die modernen Ingenieurnivelliere gehören so gut wie ausschließlich zum Typ der im Bild 87 dargestellten Nivelliere mit Kippschraube. Sie besitzen Objektive mit einem Durchmesser von 30 bis 40 mm, das Fernrohr hat 25- bis 30fache Vergrößerung und die Libelle eine Angabe von 15″ bis 30″ auf 2 mm. Als Beispiel ist nebenstehend das Ingenieurnivellier Kopni der Fa. Fennel, Kassel, Baujahr 1956, dargestellt. Die wichtigsten Daten sind: Objektivdurchmesser 36 mm; Fernrohrvergrößerung 32fach; Libellenangabe 20″ auf 2 mm; Koinzidenzlibelle, die im Gesichtsfeld des Fernrohrs erscheint.

Bild 91.
Ingenieurnivellier der Firma Fennel.

Da das Fernrohr beim Kippschraubennivellier gegenüber der Stehachse mit der Kippschraube in beschränktem Umfange geneigt werden kann, stellt man die Stehachse mit Hilfe der Dosenlibelle nur genähert lotrecht und bringt alsdann die Fernrohrlibelle mit der Kippschraube zum Einspielen. Damit dabei eine horizontale Visur erhalten wird, braucht nur die eine Bedingung $LL \parallel ZZ$, d. h. Libellenachse parallel Zielachse, erfüllt zu sein.

Die Prüfung geschieht, wie beim Baunivellier in 62.2 unter (2) geschildert, durch „Justieren aus der Mitte". Berichtigen kann man das Instrument entweder auf die dort erläuterte Weise mit Hilfe der Fadenkreuzjustierschrauben, oder man stellt die Visurlinie mit der Kippschraube auf die Sollablesung a_2 ein und bringt anschließend die Blase mit den Libellenjustierschrauben zum Einspielen.

Mit einem justierten Ingenieurnivellier der geschilderten Art werden, wenn die Blase mit der Kippschraube zum Einspielen gebracht ist, unabhängig von der Stellung der Vertikalachse horizontale Visuren erhalten. Im Gegensatz zum Baunivellier muß das Fernrohr jedoch bei Einstellung jeder neuen Richtung mit der Kippschraube nachgestellt werden. Das ist vor allem bei etwaigen Seitenblicken zu beachten.

Neben dem geschilderten Typ des Ingenieurnivelliers werden noch folgende Sonderausführungen gebaut:

a) Nivelliere mit Ringfernrohr und Wendelibelle.

Bei diesem — heute nur noch von wenigen Firmen gebauten — Nivellier handelt es sich um den in 62.1 unter c) beschriebenen Typ. Läßt man bei diesen Instrumenten die Libelle erst an der einen, dann — nach dem Wälzen des Fernrohrs — an der anderen Libellenteilung einspielen, so ergibt das Mittel aus den in den beiden Libellenlagen gemachten Ablesungen an der Latte auch bei dejustiertem Instrument eine horizontale Visur. Das ist vor allem im Gebirge sehr nützlich, wo man des öfteren durch die Oberflächengestaltung gezwungen ist, im Vor- und Rückblick verschieden lange Zielweiten zu nehmen. Damit hat man aber auch eine recht einfache Justierungsmöglichkeit: Nachdem man auf dem angegebenen Wege die Sollablesung an der Latte für eine horizontale Visur ermittelt hat, stellt man die Visierlinie mit der Kippschraube auf die Sollablesung ein und bringt dann die Libelle mit ihren Justierschrauben zum Einspielen. Die Justierung wird also auf e i n e m Stand erledigt.

Diesen Vorteilen stehen jedoch Nachteile gegenüber. Es entstehen zusätzliche Fehlerquellen, wie Schiefe des Fadenkreuzes, Konvergenz zwischen Visier- und Libellenachse, Konvergenz der beiden Libellenachsen u. a. Vor allem aber haben die minder zuverlässige Lagerung des Fernrohrs und die Erschütterungen beim Wälzen Fehler im Gefolge, die den vermeintlichen Gewinn übersteigen. Nivelliere mit Ringfernrohr und Wendelibelle werden daher heute in der Hauptsache nur noch für Spezialzwecke benutzt.

b) Nivelliere mit Horizontalkreis. Die Bau- und Ingenieurnivelliere werden auch mit einfachen Horizontalkreisen geliefert, so daß damit in ebenem Gelände rohe Winkelmessungen vorgenommen werden können. Die Kreise sind dann etwa in ganze oder halbe Grade alter oder neuer Teilung geteilt und ermöglichen an einem Nonius oder einer einfachen Strichmarke Schätzungen bis zu 1—2 Alt- oder Neuminuten. Solche Instrumente haben unter und über dem Mittelfaden des Fadenkreuzes sogenannte *Distanzfäden*, mittels derer die Entfernung zwischen Standpunkt und Latte auf einige Dezimeter genau bestimmt werden kann. Man liest hierzu Ober- und Unterfaden an der Latte ab, bildet die Differenz beider Ablesungen und multipliziert sie mit 100; bei älteren Instrumenten ist eine Additionskonstante, meistens von 1½facher Fernrohrlänge, hinzuzuzählen. Damit ist aus dem Nivellierinstrument das *Nivelliertachymeter* geworden. Wegen der theoretischen Grundlagen der optischen Distanzmessung wird auf Vermessungskunde III Slg. Göschen Bd. 862 verwiesen.

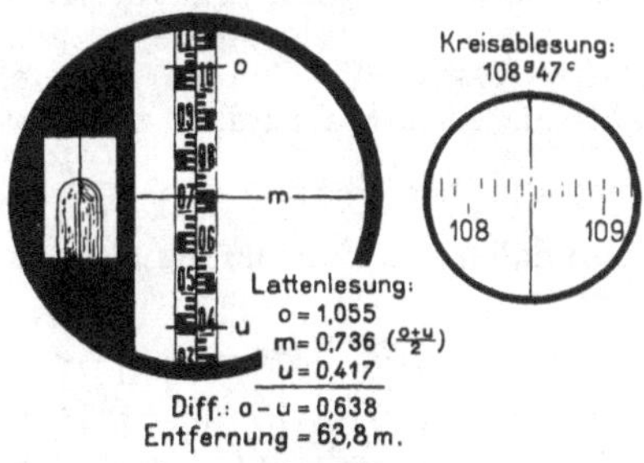

Bild 92.
Ablesungen beim Nivelliertachymeter.

62.4 F e i n n i v e l l i e r e sind für Festpunktnivellements höchster Genauigkeit bestimmt, bei denen ein mittlerer Fehler von weniger als ± 1 mm auf 1 km angestrebt wird. Sie besitzen einen ähnlich konstruierten Unterbau wie die Ingenieurnivelliere; sie sind aber in allen Teilen größer, haben 35- bis 50fache Vergrößerung, 5″- bis 10″-Libellen, feinere Schrauben und schwerere Stative.

Die älteren Typen sind für das unter 72.4 zu besprechende Nivellieren mit Libellenausschlägen eingerichtet; sie haben 5″-Libellen und meistens besonders ausgebildete Fadenkreuze, die genaues Einstellen auf die Lattenstriche einer Speziallatte ermöglichen.

In den letzten Jahrzehnten hat sich der von H. Wild angegebene, zuerst von der Firma Carl Zeiss gebaute Typ durchgesetzt, der ein Feinnivellement bei einspielender Libelle erlaubt. Dieses Instrument besitzt eine Koinzidenzlibelle gemäß 51.5 d) von nur 10″ Angabe, weil die Koinzidenzeinstellung eine rund doppelt so hohe Einstellgenauigkeit verbürgt wie die gewöhnliche Einstellung. Es ist ferner mit einer planparallelen Platte von der Dicke d ausgestattet, die vor das Objektiv gesetzt und um eine horizontale Achse gedreht werden kann. Die Platte verschiebt, wie das nachstehende Bild erkennen läßt, die Zielachse parallel zu ihrer ursprünglichen Richtung um den Betrag $v = \frac{n-1}{n} d \operatorname{tg} \alpha$. Der Beobachter kann daher das Fadenkreuz auf einen Zentimeterstrich an

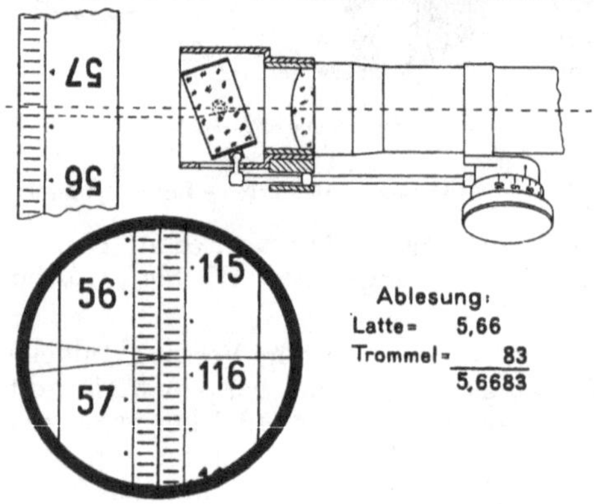

Bild 93. Planplatten-mikrometer.

der Latte einstellen und den Betrag v an der Trommel, mit der die Planplatte bewegt wird, in Millimetern ablesen. Das Schätzen der Millimeter entfällt. Damit die Genauigkeit, mit der man das Fadenkreuz einstellt, möglichst unabhängig von der Entfernung wird, ist gewöhnlich eine Hälfte des Horizontalfadens durch zwei Striche ersetzt, die einen flachen Keil bilden, so daß der Lattenstrich gewissermaßen in die Zange genommen werden kann.

Als Beispiel für ein Feinnivellier mit Planplattenmikrometer sei das Präzisionsnivellier Ni 004 des VEB Jena (Zeiss) genannt. Es hat eine Objektivöffnung von 56 mm, 44fache Vergrößerung und eine Libellenangabe von 10″ auf 2 mm.

Bild 94. Feinnivellier des VEB Jena.

Neuerdings bauen die feinmechanischen Firmen das Planplattenmikrometer auch als Zusatzeinrichtung für Ingenieurnivelliere, die dadurch zu Zwischengliedern zwischen Ingenieur- und Feinnivellieren werden.

Die durch Planplattenmikrometer erzielbare Genauigkeitssteigerung findet ihre obere Grenze bei Zielentfernungen von 40 bis 50 m. Für spezielle Aufgaben, z. B. nivellitische Übergänge über breitere Flüsse und Ströme, dürften daher große Feinnivelliere mit 5″-Libellen, die das Arbeiten mit Libellenausschlägen erlauben, vorläufig noch vorzuziehen sein.

Breite Ströme und schmale Meeresarme sind in jüngster Zeit mit Hilfe des hydrostatischen Nivellements überbrückt worden. Das erforderliche Gerät entspricht im Prinzip einer Schlauchwaage, bei der als Schlauch ein Bleikabel dient, das von einem Kabelschiff verlegt wird.

63 Nivellierinstrumente mit selbsthorizontierender Ziellinie

Für rohe Nivellierungen hat man bis in die Mitte des vorigen Jahrhunderts die nachstehend skizzierte Pendelwaage benutzt, die auf mechanischem Wege eine horizontale Ziellinie lieferte.

Etwa im Jahre 1950 ist es der Firma Carl-Zeiss-Oberkochen gelungen, auch eine durch optische Bauelemente erzeugte Ziellinie so zu beeinflussen, daß sie sich automatisch horizontal stellt. Dieser Gedanke ist in einem Ingenieurnivellier mit der Firmenbezeichnung Ni 2 verwirklicht worden.

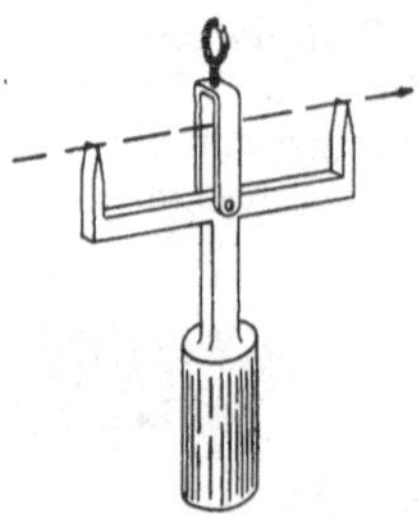

Bild 95. Pendelwaage.

Bei horizontaler Fernrohrachse vereinigen sich bekanntlich die Strahlen, die von einem in der Achse liegenden fernen Punkt herkommen, im hinteren Brennpunkt, in dem sich bei richtiger Einstellung auch der Fadenschnittpunkt befindet.

Wird das Fernrohr um den Winkel α abwärts geneigt, so entsteht das Bild zwar in der Brennebene, aber um den Betrag $f\alpha$ nach oben versetzt. Um es wieder in den Fadenschnittpunkt zu verlegen, muß der Bildstrahl durch ein Spiegel- oder Prismensystem im Punkt K, der um die Strecke s vor dem hinteren Brennpunkt liegt, um einen Winkel β so weit nach unten abgelenkt werden, daß $f\alpha = s\beta$ ist.

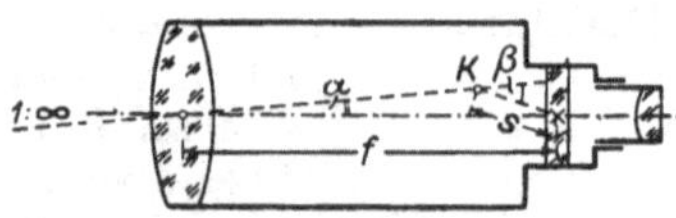

Bild 96.

Diese Arbeit leistet der in dem nachstehenden schematischen Längsschnitt durch das Ni 2 erkennbare Kompensator, dessen Kernstück ein mit einem spiegelnden Prisma besetztes Gelenkviereck ist. Die Gelenke beim Ni 2 sind, da sie nur sehr kleine Bewegungen auszuführen haben, keine Drehgelenke, sondern sie sind, um Spiel und

Reibung auszuschalten, als Federgelenke ausgebildet. Die Federn sind oben am Fernrohrkörper und unten an der Fassung des von ihnen getragenen spiegelnden Prismas fest eingespannt. Wird das Fernrohr geneigt, so erhält das Prisma unter dem Einfluß der Schwerkraft und des

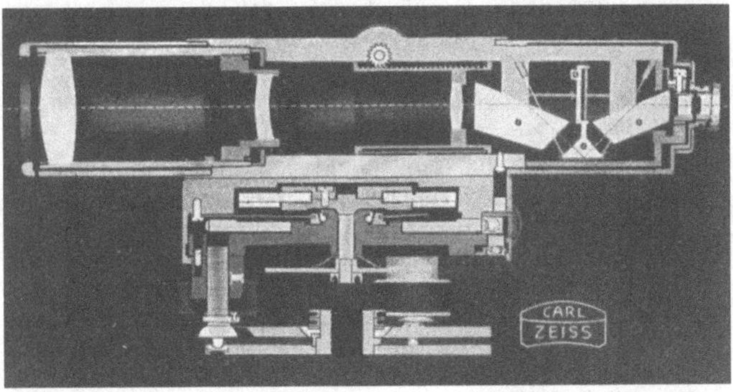

Bild 97. Längsschnitt durch das Ni 2 von Carl Zeiss, Oberkochen.

ihm durch das Gelenkviereck auferlegten Zwangs eine Neigung, die ein Vielfaches der Neigung des Fernrohrs beträgt. Ein Strahl aber, der mittels der beiden schräg gestellten Spiegelprismen über das schwingende Prisma geleitet wird, hat beim Verlassen des Kompensators eine Neigung β, die doppelt so groß ist wie die des schwingenden Prismas. Sorgt man nun durch entsprechende Dimensionierung aller Teile dafür, daß $f\alpha = s\beta$ ist, so wird in der Tat ein horizontal einfallender Strahl im Fadenschnittpunkt abgebildet.

Damit das schwingende Prisma schnell zur Ruhe kommt, ist die im Längsschnitt zwischen den Sockeln der beiden festen Prismen erkennbare Dämpfungsvorrichtung eingebaut, die als Luftpuffer wirkt. Im Hinblick auf die Erschütterungen beim Transport sind die Bewegungsmöglichkeiten der schwingenden Prismen durch Anschläge eingeengt, so daß eine Arretierung sich erübrigt.

Die im Längsschnitt erkennbare Vorderlinse und die ihr folgende Zwischenlinse bilden zusammen ein Teleobjektiv, das die Baulänge des Fernrohrs verkleinert. Die Zwischenlinse ist positiv. Die dreifache Spiegelung im Kompensator gibt aufrechte Bilder. Die Seitenvertauschung wird dadurch aufgehoben, daß das okularseitige Prisma als Dachprisma ausgebildet ist. Das Fernrohr gibt 32fache Vergrößerung.

Damit das Ni 2 richtig arbeitet, sind zwei Bedingungen zu erfüllen:

1. Die Dosenlibelle darf beim Drehen der Stehachse nicht mehr als 0,5 mm ausschlagen; andernfalls ist sie gemäß 51.1 zu berichtigen.
2. Die Zielachse muß sich horizontal stellen, wenn die Dosenlibelle einspielt. Eine etwaige Abweichung wird, wie beim Baunivellier [62.2 unter 2.], durch Nivellieren aus der Mitte und Verschieben der Fadenplatte beseitigt.

Das Ni 2 kann mit einem Planplattenmikrometer versehen werden, mit dem sich nach dem Ergebnis zahlreicher Erprobungen ein mittlerer Fehler von ± 1 mm auf 1 km erreichen läßt. Im Gegensatz zu Nivellieren mit Libellenhorizontierung ist das Ni 2 nahezu unempfindlich gegen Temperaturänderungen. Der Hauptvorteil des Instruments liegt jedoch in der Meßgeschwindigkeit, die nach dem Zeugnis zahlreicher Beobachter um 30—40 % größer ist als bei Libelleninstrumenten.

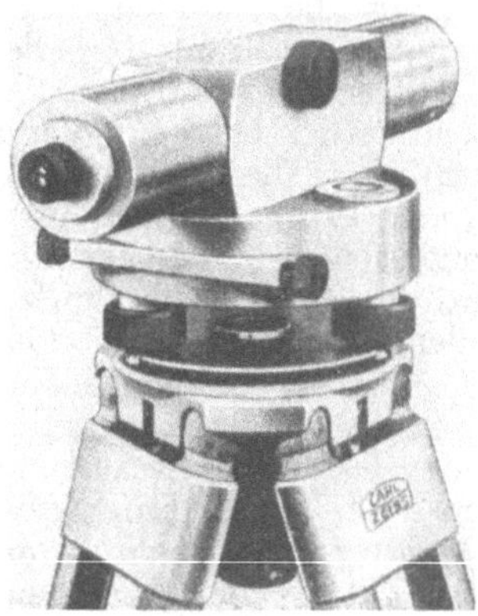

Bild 98. Kompensatornivellier Ni 2.

Mit der Konstruktion von Nivellieren mit selbsthorizontierender Ziellinie beschäftigen sich auch andere feinmechanische Werkstätten. Die Firma Ertel-München z. B. baut in den Strahlengang ein federnd gelagertes Prisma ein, das bei einer Kippung des Fernrohrs seine Stellung unter dem Einfluß der Schwerkraft derart ändert, daß ein horizontaler Zielstrahl im Fadenkreuz bleibt.

64 Nivellierlatten

64.1 Einfache Nivellierlatten. Nivellierlatten sind 3 bis 5 m lang und rd. 1 dm breit; sie sind aus trockenem Kiefernholz gefertigt und in der Regel zur Versteifung auf der Mitte der Rückseite oder an beiden Seiten mit Rippen versehen. Um den Transport zu er-

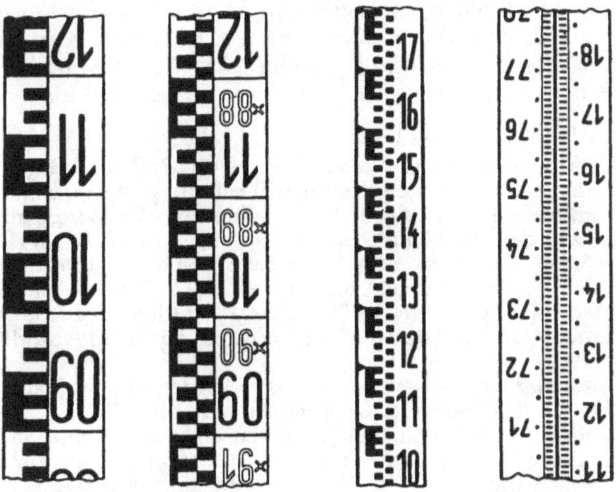

Bild 99. Bild 100. Bild 101. Bild 102.

Bild 99. Einfache Nivellierlatten.
Bild 100. Dekadisch bezifferte Schachbrettlatte.
Bild 101. Halbzentimeterlatte.
Bild 102. Invarbandlatte mit 2 Skalen.

leichtern, sind sie vielfach zum Zusammenklappen oder zum Zusammenschieben eingerichtet. Ein Ölanstrich schützt sie gegen Feuchtigkeit. Die Vorderseite trägt in der Regel Zentimeterfelder, die in Dezimeter- oder Halbdezimeterfelder zusammengefaßt sind, während die Meter vielfach durch Farben (schwarz und rot) unterschieden werden. Der Nullpunkt soll mit der Unterseite der Grundplatte zusammenfallen. Die Zahlen sind von Dezimeter zu Dezimeter im allgemeinen umgekehrt aufgezeichnet, so daß der Beobachter sie im Fernrohrbild aufrecht sieht. Gängige Teilungen enthalten die Normblätter DIN 3003 und 3004.

Bild 99 wird als *E*-Teilung, Bild 100 als Schachbrettteilung bezeichnet. Mit der letztgenannten Teilung soll Schätzungsfehlern entgegengewirkt werden, die dadurch entstehen, daß die weißen Felder der Latten, vor allem bei heller Beleuchtung, größer als die schwarzen erscheinen.

64.2 Sonderlatten.

a) Eine *dekadische Latte,* wie sie im Bild 100 dargestellt ist, trägt neben der gewöhnlichen Bezifferung die sogenannten dekadischen Ergänzungen. Diese bilden die Zehnerergänzungen zu den gewöhnlichen Zahlen. So ist z. B. $1{,}417 = 10 - 8{,}583 = \times\,8{,}583$ wobei das Kreuz eine negative Einheit an der Stelle bedeutet, an der es steht. Die dekadischen Zahlen erleichtern, wie in 72.3 gezeigt werden wird, die Aufrechnung, indem sie die Subtraktion durch die Addition ersetzen.

b) *Wendelatten* besitzen auf der Vorderseite und auf der Rückseite Teilungen, die um einen unrunden Betrag gegeneinander versetzt sind. Sie gewähren einerseits einige Sicherheit gegen Ablese- und einseitige Schätzfehler, zum anderen kann man damit, wie in 72.3 beschrieben werden wird, Doppelnivellements ausführen und damit eine Genauigkeitssteigerung erzielen.

c) *Halbzentimeterlatten* sind zur Erhöhung der Schätzgenauigkeit in Halbzentimeterfelder eingeteilt; sie sind aber meistens so beziffert, als wenn es sich um volle Zentimeterfelder handelte. Man muß infolgedessen die durch das Nivellement erhaltenen Höhenunterschiede bei der Schlußaufrechnung halbieren. Für feinere Arbeiten mit dem Ni 2 hat die Firma Carl Zeiss eine Halbzentimeterfeldlatte (Bild 101) entworfen, welche, da das Ni 2 aufrechte Bilder erzeugt, aufrechte Ziffern trägt.

d) *Strichlatten* sind nicht in Felder eingeteilt, sondern es sind Halbzentimeterräume durch horizontale Striche gegeneinander abgesetzt. Sie werden vornehmlich für Feinnivellements verwendet, weil der horizontale Faden des Fadenkreuzes sich schärfer auf einen Strich als auf die Grenze zweier Felder einstellen läßt.

e) *Invarbandlatten* sind zum Schutz gegen Temperaturauswirkungen auf die Lattenlänge mit einem aus dem temperaturunempfindlichen Metall Invar gefertigten Band versehen, das unter Federspannung in eine Kerbe des Holzrahmens verlegt ist. Sehr verbreitet ist ein zuerst von der Firma Carl Zeiss in Jena angegebener Typ, der zwei gegeneinander versetzte Halbzentimeterstrichteilungen trägt (Bild 102). Diese Latte ist in erster Linie für Feinnivellements mit einem mit Planplattenmikrometer ausgerüsteten Instrument bestimmt.

64.3 Lattenzubehör. Jede Nivellierlatte muß mit einem Lattenrichter (Bild 5) oder mit einer Lattenlibelle versehen sein, die in regelmäßigen Abständen und nach jedem größeren Transport zu überprüfen ist.

Zur Unterstützung der Latten in den Wechselpunkten dienen Unterlagsplatten (Frösche) aus Grauguß nach DIN 3012, die mit drei kurzen stählernen Spitzen versehen sind und fest in den Boden eingetreten werden.

Bild 103. Unterlagsplatte.

In lockerem Boden dienen fest eingeschlagene Pfähle, auf unebenem Pflaster eingerammte Gasrohre oder Nietkopfnägel als Lattenstandpunkt.

64.4 Maßvergleichung bei Nivellierlatten. Um die Länge von Nivellierlatten zu überprüfen, bedient man sich zweckmäßig eines Prüfmeterstabs gemäß DIN 3010, der vor und hinter den Meterstrichen je 2 mm Überteilung besitzt, und bestimmt damit den Abstand zweier um 1 m unterschiedlicher Dezimetergrenzen an etwa 10 Stellen der Latte auf 0,1 mm. Hat die Latte Strichteilung, werden beide Grenzen der Striche abgelesen. Das Mittel aus den Einzelbestimmungen wird als das *mittlere Lattenmeter* in die Rechnung eingeführt.

Bei Feinnivellements mit Holzlatten ist tägliche Überprüfung nötig, weil die Lattenlänge sich vor allem durch Feuchtigkeitseinflüsse um mehrere Zehntelmillimeter je Meter ändern kann. Invarlatten werden einmal im Monat und außerdem nach etwaigen Erschütterungen verglichen.

Bei einfachen Nivellements können, so lange keine großen Höhenunterschiede zu überwinden sind, Abweichungen bis 0,2 mm je Meter hingenommen werden.

7 Nivellierverfahren

71 Höhenausgangsfläche und Höhenfestpunkte

71.1 Aufbau des Höhenfestpunktnetzes. Die Meereshöhe eines Punktes wird in der Praxis unbeschadet der in 12 gegebenen Definition durch Aufsummieren unmittelbar beobachteter Einzelhöhenunterschiede erhalten. Als Höhenausgangs- oder Bezugsfläche gilt in Deutschland seit dem Jahre 1879 diejenige Niveaufläche der Erde, die im Abstand von 37,000 m unter dem *Normalhöhenpunkt* an der alten Berliner Sternwarte verläuft. Diese Fläche heißt *Normal Null*; sie ist so bestimmt worden, daß sie auf rund 1 dm mit dem am Amsterdamer Pegel beobachteten Mittelwasser der Nordsee zusammenfällt. Als die Sternwarte im Jahre 1912 abgebrochen wurde, ist als Ersatz dafür, ohne daß dadurch N. N. irgendwie geändert wäre, bei Hoppegarten rund 40 km ostwärts der Stadtmitte von Berlin der *Normalhöhenpunkt von 1912* geschaffen worden. Dieser ist durch einen Granitpfeiler unterirdisch vermarkt und durch 10 Kontrollmarken versichert. Im Anschluß an die Berliner Marken sind seither die NN-Höhen von vielen tausend Höhenfestpunkten durch Feinnivellements festgelegt worden.

Die Gesamtheit dieser Punkte bildet das *Höhenfestpunktnetz* oder *Nivellementpunktfeld.* Es gliedert sich in

(1) *Das Haupthöhennetz oder das Netz I. O.*, das mit Maschen von 30 bis 50 km Durchmesser den großen Rahmen bildet und mit der höchsten erreichbaren Genauigkeit beobachtet und berechnet ist;

(2) *Das Landeshöhennetz oder das Netz II. O.*, durch das die Maschen des Haupthöhennetzes auf 15 bis 20 km Durchmesser verdichtet sind;

(3) *Das Aufnahmehöhennetz oder das Netz III. O.*, durch das die Maschen je nach Bedarf und örtlichen Verhältnissen noch weiter verengt werden.

Die Linien dieser Netze sind in Abständen von meistens nicht mehr als 2 km in der in 71.2 beschriebenen Weise vermarkt.

In manchen Gebieten werden für die Höhenfestpunkte Höhen im „alten" und im „neuen" System angegeben, die sich bis zu 1 dm unterscheiden können. Die „neuen" Höhen sind das Ergebnis einer im Jahre 1913 begonnenen, bis heute noch nicht abgeschlossenen Netzerneuerung. Höhen verschiedener Systeme dürfen nicht ohne weiteres nebeneinander verwandt werden. In Zweifelsfällen wende man sich an die Kataster- oder Vermessungsämter.

In den Seekarten an der Nordseeküste sind die Höhenangaben auf ein besonderes „Seekartennull" bezogen, das als örtliches mittleres Springniedrigwasser definiert ist und etwa um den halben Betrag des mittleren Tidenhubs unter NN liegt. An der Ostseeküste ist Seekartennull gleich N. N.

71.2 Vermarkung der Höhenfestpunkte. Die Höhenfestpunkte sind je nach ihrer Bedeutung und entsprechend den Verhältnissen des Untergrundes verschiedenartig vermarkt. Neben dem Normalhöhenpunkt sind als weitere Hauptfestlegungen in Abständen von 200 bis 300 km *unterirdische Festlegungen (UF)* eingebracht, die aus rund 1 m hohen Granitpfeilern bestehen. Der Höhenbezugspunkt ist dabei eine aus der Kopffläche des Pfeilers herausgearbeitete Halbkugel, die durch eine Granitkappe nach oben abgedeckt ist. In etwas geringeren Abständen sind in den See- und Flußmarschen, in denen der alluviale Boden noch in Bewegung ist, *Rohrfestpunkte* eingelassen worden, die 20 und mehr Meter tief bis auf das Diluvium durchgetrieben sind. An Kirchen und öffentlichen Gebäuden finden sich vielfach kreisförmige *Höhenmarken* mit einem Durchmesser von 14 cm, deren höchster Punkt eingemessen ist. Die meisten Festpunkte sind durch Höhenbolzen aus Eisen, Bronze oder Leichtmetall vermarkt, die in vorhandenen Mauern (Mauerbolzen) oder in gebäudearmen Gebieten in Granitpfeilern (Pfeilerbolzen) eingemauert sind.

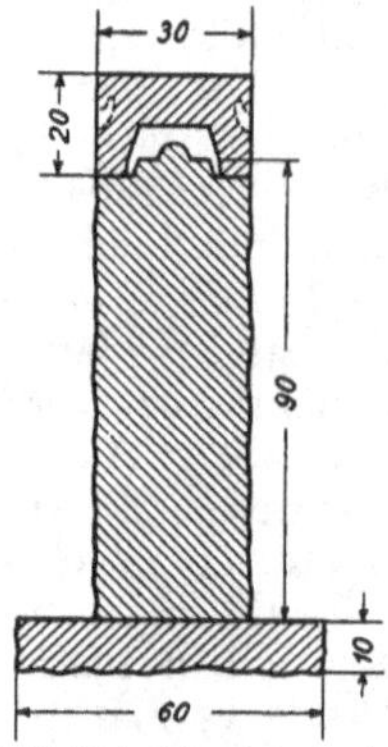

Bild 104. Unterirdische Festlegung.

Bild 105. Höhenbolzen gem. DIN 3008.

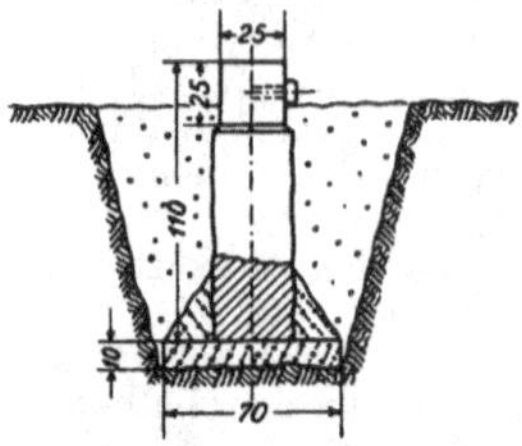

Bild 106. Pfeilerbolzen.

72 Festpunktnivellements

72.1 Allgemeine Nivellementsregeln. Durch Festpunktnivellements wird ein Höhenfestpunktnetz verdichtet oder neu geschaffen. Die Wahl des Instruments, der Latten und des Verfahrens richtet sich nach der für den jeweiligen Zweck geforderten Genauigkeit.

Man unterteilt die Festpunktnivellements in einfache Nivellements, in Ingenieurnivellements — z. B. mit Wendelatten oder mit doppelten Wechselpunkten — und in Feinnivellements. Bei den beiden erstgenannten Gruppen wird ausnahmslos mit horizontaler Visur gearbeitet; dabei werden an der Latte Zentimeter abgelesen und Millimeter geschätzt. Beim Feinnivellement wird, wie bereits in 62.4 angedeutet, mit ausschlagender Libelle oder mit besonderen Zusatzeinrichtungen gearbeitet. Bei allen Festpunktnivellements wird zwecks Elimination von Erdkrümmung, Refraktion und restlichen Justierfehlern grundsätzlich aus der Mitte nivelliert. Nach Möglichkeit sollen zur Beschleunigung der Arbeit immer zwei Nivellierlatten eingesetzt werden.

Beim Aufstellen des Nivellierinstruments sorgt man zunächst für feste Aufstellung des Stativs; dann setzt man das Instrument, dessen Klemmschrauben angezogen sein sollen, mit der linken Hand auf das Stativ, schraubt es, ohne es loszulassen, mit der rechten Hand fest und zieht erforderlichenfalls noch die Spiralfeder an. Der Stativteller soll so gut horizontiert sein, daß die Stehachse nahezu senkrecht steht, wenn die Fußschrauben gleich weit herausgedreht sind. Diese sollen nicht zu schwer gehen und müssen erforderlichenfalls durch Nachstellen der Gangschrauben reguliert werden.

Beim Transport auf den nächsten Stand bleibt das Instrument am Stativ; dabei sollen Libelleninstrumente so getragen werden, daß die Stehachse näherungsweise vertikal bleibt; bei Kompensatorinstrumenten dagegen soll sie schräg liegen.

Beim Einpacken in den Instrumentenkasten sind die Klemmen zunächst zu lösen und, wenn das Instrument im Kasten liegt, wieder leicht anzuziehen. Bei längeren Eisenbahn- oder Lastwagentransporten verwende man gepolsterte oder ausgestopfte Transportkisten.

Bei den Latten sorge man für regelmäßige Überprüfung der Lattenlibellen. Beim Transport von Stand zu Stand und beim Bahn- oder Autotransport achte man darauf, daß die geteilte Seite geschont wird.

72.2 Einfache Nivellements. Um die Höhe eines Neupunktes B im Anschluß an einen Festpunkt A zu bestimmen, sei der Höhenunterschied $\Delta H = H_B - H_A$ durch einfaches Nivellement zu ermitteln. Hierzu wird die in nachstehendem Bild schematisch dargestellte Strecke von A bis B durch „Wechselpunkte" in Abschnitte

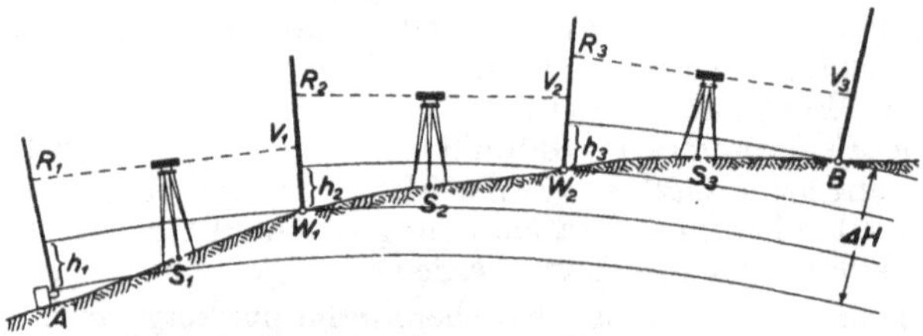

Bild 107. Einfaches Nivellement.

von 70 bis 100 m unterteilt, und es werden die Einzelhöhenunterschiede h_1, $h_2 \ldots h^n$ ermittelt und aufsummiert.

Zur Bestimmung von h_1 wird zunächst der Punkt S_1 in der Mitte zwischen dem Anschlußpunkt A und dem ersten Wechselpunkt W_1 eingeschritten; dann wird dort das Instrument aufgestellt und horizontiert. Auf einen Wink hält der Meßgehilfe die Latte unter Beachtung der Lattenlibelle auf der Punktmarke in A auf, und der Beobachter liest am Instrument bei einspielender Libelle oder freischwingendem Kompensator den Rückblick R_1 ab. Auf einen neuen Wink wandert der Meßgehilfe mit der Latte nach W_1, legt dort eine Unterlagsplatte fest auf den Boden und setzt die Latte darauf, so daß der Beobachter — gegebenenfalls unter Nachrichten der Libelle — den Vorblick V_1 ablesen kann. Aus Rück- und Vorblick wird schließlich der Höhenunterschied $h_1 = R_1 - V_1$ errechnet. Damit ist der erste Stand erledigt.

Jetzt wird die Latte in W_1 vorsichtig gewendet und das Instrument nach S_2 gebracht; von dort wird zuerst der Rückblick R_2 und nach Transport der Latte nach W_2 der Vorblick V_2 abgelesen und $h_2 = R_2 - V_2$ errechnet. So fortfahrend erhält man, immer $h_i = R_i - V_i$ bildend, schließlich

$$\Delta H = h_1 + h_2 + h_3 + \ldots = \sum h = \sum R - \sum V.$$

Ist der Höhenunterschied positiv, so steigt das Gelände; ist er negativ, so fällt es. Zur Sicherung des Ergebnisses wird entweder zurücknivelliert, oder das Nivellement wird bis zum Anschluß an einen zweiten Festpunkt weitergeführt.

Bei einem einfachen Nivellement mit einem Baunivellier ist ein mittlerer Fehler von ± 5—10 mm auf 1 km ohne weiteres zu erreichen, jedoch muß gemäß 14.5 damit gerechnet werden, daß gelegentlich auch ein Abschlußfehler vom 2—3fachen Betrag auftritt. Ist bei einem Nivellement diese Grenze eingehalten, so wird der Abschlußfehler auf die Standpunkte proportional zu den Entfernungen verteilt. Hat man sie überschritten, muß ein grober Fehler vermutet werden, der nur durch Wiederholung der ganzen Messung beseitigt werden kann. Für solche Fälle ist es nützlich, wenn hin und wieder ein fester Punkt (Bordstein, Kilometerstein) als Wechselpunkt benutzt wird.

Die obere Grenze der als Zielweite bezeichneten Entfernung vom Instrument zur Latte beträgt bei Millimeterablesung 50 m. Genügt für den Nivellementszweck Zentimeterablesung, so kann bis 100 m Zielweite gegangen werden. Bei stärkeren Steigungen wird man vielfach durch das Gelände zu kürzeren Zielweiten gezwungen. Etwaige ungleich lange Zielweiten können auf den folgenden Standpunkten ausgeglichen werden, wenn nur erreicht wird, daß bei einer Nivellementsstrecke die Summe aller Zielweiten im Vorblick gleich ihrer Summe im Rückblick ist. Das nachstehende Beispiel soll gleichzeitig als Muster für die Aufschreibung dienen.

B e i s p i e l : Im Anschluß an die gegebenen Höhenfestpunkte A und E ist die Höhe des Punktes B durch einfaches Nivellement zu bestimmen.

Pkt.	z	R	V	$h = R - V$ +	−	Höhe über N.N.
1	2	3	4	5	6	7
A	40	1,524				52,475
	40		1,217	0,307		+ 0,307
W_1	35	0,723				52,782
	35		1,894		+1 1,171	− 1,170
W_2	50	1,234				51,612
	50		0,654	0,580		+ 0,580
B	45	2,421				52,192
	45		1,945	+1 0,476		+ 0,477
W_3	30	0,635				52,669
	30		0,513	0,122		+ 0,122
E						52,791
		6,537	6,223	1,485	1,171	+ 0,316
		+ 0,314		+ 0,314		

Erläuterungen zum Feldbuch:

(1) Die Zielweiten z in Schrittmaß angeben;

(2) Auf jedem Stand R und V eintragen und h_i bilden;

(3) Am Ende die Summenprobe $\Sigma R - \Sigma V = \Sigma h$ rechnen;

(4) Beim Abschluß an Festpunkt als Meßprobe Σh und $(H_E - H_A)$ vergleichen; Differenz auf die h_i proportional zu den überbrückten Entfernungen verteilen.

(5) In Spalte 7 Höhe von A eintragen und verbesserte h_i aufaddieren. Nach der letzten Addition muß der Sollwert von E herauskommen.

72.3 Ingenieurnivellements.

72.31 *Nivellements mit Wendelatte.* Wird eine etwas höhere Genauigkeit gefordert, als durch ein einfaches Nivellement mit einem Baunivellier erreichbar ist, so bedient man sich zweckmäßig eines Ingenieurnivelliers und wählt ein Beobachtungsverfahren, das einerseits eine laufende Kontrolle liefert, zum anderen aber auch eine bessere Fehlerbekämpfung erwarten läßt. Diesen Forderungen entspricht das Nivellement mit Wendelatte, d. h. mit einer Latte, die zwei gegeneinander versetzte Skalen trägt. Werden an einer solchen Latte beide Skalen abgelesen, so hat man für die Lattenablesungen die Probe, daß ihre Differenz bis auf etwa ± 1 mm einen konstanten Betrag, die Lattenkonstante, ergeben muß. Läßt man sodann vor jeder Lattenablesung die Libellenblase ein wenig ausschlagen und wieder neu einspielen, so ist die Libelleneinstellung ebenfalls kontrolliert. Außerdem ist zu erwarten, daß gemäß 14.4 (14) der mittlere Ablesefehler und der mittlere Einstellfehler um das $\sqrt{2}$fache zurückgehen.

Soll darüber hinaus auch etwaigen regelmäßigen Fehlern (vgl. 72.4) entgegengewirkt werden, so setzt man zweckmäßig zwei Latten mit je einem Träger ein und beobachtet in der Reihenfolge

Rückblick auf Skala I der ersten Latte,
Vorblick auf Skala I der zweiten Latte,
Vorblick auf Skala II der zweiten Latte,
Rückblick auf Skala II der ersten Latte.

Zur Probe werden die Höhenunterschiede sowohl aus den Ablesungen der Skalen I wie aus denen der Skalen II gebildet und verglichen; dabei soll im allgemeinen keine größere Differenz als ± 1 mm auftreten. Bei sorgfältiger Arbeit kann bei einem so angelegten Nivellement ein mittlerer Kilometerfehler von ± 2 bis 3 mm unschwer erreicht werden.

Aufschrieb und Rechnung werden sehr vereinfacht, wenn *dekadisch bezifferte Latten* gemäß 64.2 benutzt werden. Man liest dann, wie im nachstehenden Muster gezeigt, den Rückblick natürlich, den Vorblick dekadisch ab, schreibt den Vorblick unter den Rückblick und erhält durch Addition den Höhenunterschied h. Dabei beachte man nachstehende Rechenregeln:

1. Das Kreuz bedeutet eine negative Einheit an der Stelle, an der es steht:

$$2{,}103 - 1{,}417 = 2{,}103 + \times\,8{,}583 = +\,0{,}686.$$

2. Negatives h bedeutet, daß Gelände fällt:

$$2{,}103 - 2{,}366 = 2{,}103 + \times\,7{,}634 = \times\,9{,}737.$$

3. Kreuz verdrängt rechts benachbarte 9:

$$\times\,9{,}737 = \times{,}737 = -0{,}263.$$

B e i s p i e l : Im Anschluß an A und E ist die Höhe des Punktes B zu bestimmen.

Pkt.	z	Nivellement I R_I / V_I	$h_I = R_I - V_I$	Nivellement II R_{II} / V_{II}	$h_{II} = R_{II} - V_{II}$	$h = \frac{1}{2}(h_I + h_{II})$	Höhe über N N
1	2	3	4	5	6	7	8
A	40	2,465		6,500			127,568
	40	×,873	2,338	×5,837	2,337	2,338	2,338
W_1	35	1,827		5,863			129,906
	35	×8,914	0,741	×4,879	0,742	+1 0,742	0,743
B	50	1,066		5,101			130,649
	50	×,412	0,478	×5,378	0,479	0,478	0,478
W_2	45	0,505		4,540			131,127
	45	×8,762	×,267	×4,727	×,267	+1 ×,267	×,268
W_3	30	1,358		5,393			130,395
	30	×,907	1,265	×5,873	1,266	1,265	1,265
E							131,660
		4,089	4,089	4,091	4,091	4,090	4,092

72.32 *Nivellements mit doppelten Wechselpunkten.* Steht eine Wendelatte nicht zur Verfügung, so kann man sich eine fortlaufende Probe durch das Verfahren der doppelten Wechselpunkte schaffen. Bei diesem Verfahren legt der Meßgehilfe zwei Unterlagsplatten mit geringem Abstand nebeneinander auf den Boden und hält die Latte erst auf der einen und dann auf der anderen Platte auf.

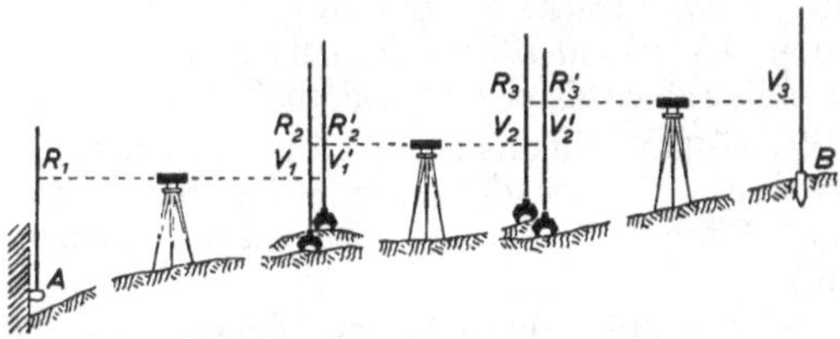

Bild 108. Nivellement mit doppelten Wechselpunkten.

Auf diese Weise werden zwei nebeneinander herlaufende Nivellements erhalten, die auf dem gleichen Blatt, aber jedes für sich, aufgeschrieben und durchgerechnet werden. Die Probe besteht darin, daß für jede der beiden Lattenaufstellungen die Differenz zwischen dem Vorblick im Instrumentenstand S_i und dem Rückblick S_{i+1} gleich sein muß.

Die Probe wird also immer erst auf dem nächsten Stand wirksam. Man kann sich jedoch eine — allerdings

Bild 109. Unterlagsplatte mit 2 Zapfen.

nicht durchgreifende — Standprobe schaffen, indem man statt zweier Unterlagsplatten eine Platte mit zwei verschieden hohen Zapfen benutzt, deren Höhenunterschied bekannt ist. Wie beim Wendelattennivellement stelle man die Blase vor jeder Ablesung neu ein.

Die erreichbare Genauigkeit entspricht etwa der des Nivellements mit Wendelatte.

72.4 F e i n n i v e l l e m e n t s. Wie die Erfahrung gelehrt hat, treten beim Nivellieren regelmäßige und unregelmäßige Fehler auf. Die regelmäßigen Fehler sind zwar kleiner als die unregelmäßigen Fehler; während aber die unregelmäßigen Fehler nur mit der Wurzel aus der Strecke anwachsen, nehmen die regelmäßigen Fehler proportional zur Strecke zu. Bei längeren Strecken machen sich daher die regelmäßigen Fehler trotz ihrer Kleinheit stärker bemerkbar als die unregelmäßigen Fehler.

Für das Feinnivellement muß aus diesem Grunde ein Verfahren gewählt werden, das insbesondere die regelmäßigen Fehler bekämpft oder ihre Auswirkungen klein hält.

Die gefährlichsten regelmäßigen Fehler und ihre Bekämpfung bestehen in folgendem:

1. Einseitige Schätzungsfehler beim Ablesen. Bekämpfung: Übergang vom Schätzen zum Messen der kleinen Intervalle an der Latte mit Hilfe eines Planplattenmikrometers (gem. 62.4) oder durch Nivellieren mit ausschlagender Libelle; d. h. Einstellen des Mittelfadens auf einen Lattenstrich, Ablesen des Libellenausschlages und Anbringen einer entsprechenden Korrektur an dem an der Latte abgelesenen Maß.
2. Unrichtiges Lattenmeter. Bekämpfung: Regelmäßige Überprüfung der Lattenlänge.
3. Einsinken des Instruments während der Messung. Bekämpfung: Aufstellen nur auf festem Untergrund; ferner Benutzung einer Latte mit zwei Skalen (I und II) und Beobachtung auf jedem Stand in der in 72.31 erläuterten Reihenfolge R_I, V_I, V_{II}, R_{II}. Dadurch werden auch andere der Zeit proportionale Einflüsse eliminiert.
4. Schiefhalten der Latten. Bekämpfung: Häufige Kontrolle der Lattenlibelle. Während der Beobachtung Latten durch Bambusstäbe abstützen.
5. Einseitige Erwärmung von Instrument und Libelle. Bekämpfung: Instrument auf dem Stand durch Schirm, während des Transportes durch Wachstuchkappe vor Sonnenbestrahlung schützen. Instrument auch möglichst wenig mit der Hand berühren.
6. Einseitige Einwirkungen der Refraktion, insbesondere beim Nivellieren auf schrägen Strecken. Bekämpfung: Schnell und zügig messen, keine Visur näher als 0,5 m am Boden. Jede Strecke im Hin- und Rückgang beobachten.

Die schädlichsten unregelmäßigen Fehler sind:

1. Ungenaue Einstellung bei Luftflimmern. Bekämpfung: Beobachten möglichst bei bedecktem Himmel, an heißen Tagen nur in den Morgen- und Abendstunden.
2. Unbemerktes Nachziehen der Libellenblase. Bekämpfung: Libelle vor dem Ablesen zur Ruhe kommen lassen, evtl. Gang der Stehachse überprüfen.
3. Einsinken und sonstige Lageänderungen der Latten. Bekämpfung: Sorgfältiges Festlegen der Unterlagsplatten; Unterlagsplatten und Lattenfüße sauber halten.
4. Ungleiche Zielweiten. Bekämpfung: Entfernungen nicht nur abschreiten, sondern — etwa mit Distanzfäden — nachmessen; etwaige Abweichungen auf nächsten Ständen ausgleichen.
5. Mangelhafte Lattenaufsatzflächen. Bekämpfung: Latten stets mit derselben Stelle auf die Unterlagsplatte setzen. Ferner etwaige Nullpunktsdifferenz bestimmen und in Rechnung stellen oder mit der gleichen Latte, mit der angefangen wurde, auch aufhören.

Bei sorgfältiger Beachtung dieser Vorschriften läßt sich für eine aus Hin- und Rückweg gemittelte Strecke ein mittl. Kilometerfehler von ± 0,5 mm erreichen. Feinnivellementsnetze werden nach der Methode der kleinsten Quadrate ausgeglichen*). Dabei werden zuvor an den im Hauptnetz beobachteten Höhenunterschieden „Schwerereduktionen" angebracht, die den unterschiedlichen Werten der Schwerebeschleunigung und ihren Auswirkungen auf das Nivellement Rechnung tragen**).

Für die Feinnivellements werden zur Zeit noch vorwiegend Libelleninstrumente eingesetzt. Es ist anzunehmen, daß der Kompensator auch auf diesem Gebiet Eingang finden wird. Für Nivellements, bei denen ein mittl. Kilometerfehler von ± 1,0 mm als ausreichend erscheint, kann schon heute das Ni 2 in Verbindung mit einer Planplatte benutzt werden.

*) Siehe u. a. W. Großmann, Grundzüge der Ausgleichungsrechnung. Springer-Verlag 1954.

**) Siehe u. a. Jordan-Eggert-Kneißl, Handbuch der Vermessungskunde, Bd. III, 10. Aufl., S. 293 ff.

Für besondere Aufgaben, wie z. B. das nivellitische Überschreiten eines Flusses, sind spezielle Verfahren entwickelt worden, auf die hier nicht eingegangen werden kann (vgl. 62.4 vorletzter und letzter Absatz).

73 Längs- und Querprofile

73.1 Längsprofile. Für die Trassierung von Verkehrsbändern werden Längs- und Querprofile aufgenommen. Ein Längsprofil ist ein Vertikalschnitt durch die Erdoberfläche längs einer *Leitlinie*, die bei Straßen- und Eisenbahnen meistens die Achse des künftigen Bauwerks, bei Wasserwegen eine Parallele zur Achse ist.

Die Aufnahme beginnt mit der Verpfählung und Stationierung der Leitlinie. Diese wird je nach Zweck und Gelände in Abständen von 25, 50 oder 100 m, dazu bei Gefällwechseln und Schnitten mit Wegen und Wasserläufen durch einen *Grundpfahl* und einen *Nummerpfahl* bezeichnet. Der Grundpfahl, dessen Höhe einnivelliert werden soll, wird erdbodengleich geschlagen; auf dem Nummerpfahl wird die *Stationierung* vermerkt. Der Stationierung werden Hektometer zugrunde gelegt, so daß die Stationspunkte statt mit 50 m, 175 m, 237 m ... mit $0^{+50}, 1^{+75}, 2^{+37}, \ldots$ bezeichnet werden. Die Entfernungen werden vom Anfangspunkt der Trasse an auf der Leitlinie gemessen.

Für die Höhenmessung wird zweckmäßig ein Baunivellier eingesetzt. Die NN-Höhen der Anfangspunkte werden durch ein Festpunktnivellement von einem benachbarten Höhenfestpunkt hergeleitet. Auf der Leitlinie selbst benutzt man Grundpfähle, die etwa 100 m voneinander entfernt sind, als Wechselpunkte und nimmt die dazwischen liegenden Grundpfähle und sonstige wichtige Punkte (Pegel usw.) mit sogenannten Seitenblicken auf. Zur Kontrolle schließt man auf einem anderen Höhenfestpunkt ab oder kehrt an den Ausgangspunkt zurück. Die Abschlußfehler werden wie beim einfachen Nivellement proportional zur Strecke auf die einzelnen Abschnitte verteilt.

Bei der Aufschreibung verfahre man nach dem nachstehenden Zahlenbeispiel.

Längsprofil

Pkt.	z	Rückblick	Seitenblick	Vorblick	Instr. Horizont	Höhe über NN	Verb. (mm)
1	2	3	4	5	6	7	8
A	50	1,415				49,675	
	50			1,290	51,090		
W_1	45	0,420				49,800	+3
	45			1,655	50,220		
0+0	50	1,390				48,565	+6
0+25			3,175		49,955	46,780	+6
0+50			2,955			47,000	+6
0+75			0,595			49,360	+6
	50			0,700			
1+0	50	2,040				49,255	+9
1+25			1,545		51,295	49,750	+9
1+50			3,235			48,060	+9
1+75			0,820			50,475	+9
	50			0,415			
2+0	30	1,005				50,880	+12
	30			2,090	51,885		
W_2	40	1,870				49,795	+15
	40			1,235	51,665		
E					Ist	50,430	+18
		8,140		7,385	Soll	50,448	
			0,755				

Erläuterung: Beginnend auf dem Anfangspunkt A bildet man auf jedem Standpunkt aus der NN-Höhe des im Rückblick angezielten Punktes plus der Lattenablesung nach diesem Punkt den „Instrumentenhorizont". Vom Instrumentenhorizont aus werden die Geländehöhen der seitwärtsliegenden Punkte und der Wechselpunkte dadurch erhalten, daß man Seitenblicke und Vorblicke vom Instrumentenhorizont abzieht. Bei fehlerfreiem Nivellement muß man dann schließlich die Sollhöhe des Endpunktes E erhalten. Eine Abschlußdifferenz, die sich im Rahmen der geforderten Genauigkeit halten muß, kann nachträglich auf die einzelnen Standpunkte verteilt werden. Die Höhen der durch Seitenblick gewonnenen Punkte werden durch die Abschlußprobe nicht kontrolliert; man rechnet sie daher noch einmal nach. Wird auch eine Meßprobe gefordert, so muß eine zweite Aufnahme gemacht werden.

73.2 Querprofile sind Vertikalschnitte durch die Erdoberfläche, die mit Hilfe der in 22 beschriebenen Geräte in geraden Strecken normal zur Leitlinie abgesteckt werden; in Knickpunkten der Leitlinie nimmt man die Richtung der Winkelhalbierenden, in Kurven radiale Richtung. Die seitliche Ausdehnung der Querprofile schwankt zwischen 20 und 50 m; sie ist vom Zweck der Aufnahme und vom Gelände abhängig. Die Querprofile werden einerseits für die Bearbeitung des Entwurfs gebraucht, zum anderen bilden sie die Grundlage für die Erdmassenberechnung. Sie sind daher überall dort aufzunehmen, wo die Geländeneigung und wo die Richtung der Leitlinie sich ändern.

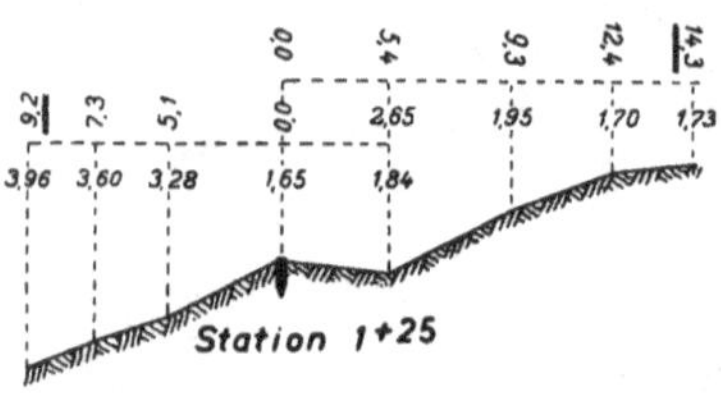

Bild 110. Aufnehmen eines Querprofils.

Die seitlichen Entfernungen werden von dem in der Leitlinie liegenden Achspunkt aus auf Dezimeter gemessen und gemäß obenstehendem Muster in einem unmaßstäblichen Handriß eingetragen. Zur Höhenbestimmung (auf cm oder dm) wird ein Baunivellier so aufgestellt, daß möglichst das ganze Profil von einem Stand übersehen werden kann. Man bestimmt dann mit Hilfe einer auf dem Achspunkt aufgehaltenen Latte den Instrumentenhorizont, liest die Latte an den eingemessenen Geländepunkten ab und notiert die Lattenablesungen im Handriß. Falls das Profil wie im Bild 110 nicht von einem Stand aus voll übersehen werden kann, muß das Instrument ein zweites Mal aufgestellt werden. Meß- und Rechenproben können nur durch eine unabhängige Aufnahme mit leicht geändertem Horizont beschafft werden. Meistens wird darauf jedoch verzichtet, weil bei der ständigen Vergleichung von Natur und Lattenablesungen größere Fehler unwahrscheinlich sind.

An steilen Hängen oder in unübersichtlichem Waldgelände werden Querprofile am besten mit einer Setzlatte gem. 61.3 aufgenommen.

Querprofile in Flüssen werden an den Ufern eingebunden. Zur Längenmessung über Wasser dient eine Meßschnur oder eine in volle Meter eingeteilte Peilleine. Nivellierhorizont kann bei engen Flußläufen eine straff gespannte Leine sein. Bei breiten Flüssen dient der Wasserspiegel als Horizont, gegen den die Sohlentiefe mit Peilstangen gemessen wird. Den Wasserspiegel selbst bestimmt man durch mehrfache Messung des Abstandes von Pegeln, d. h. von Pfählen, die in Ufernähe eingeschlagen und mit ihrer Oberkante einnivelliert sind.

73.3 Auftragen der Längs- und Querprofile. Die Längs- und Querprofile werden am einfachsten auf Millimeterpapier aufgetragen. Im Längsprofil legt man eine Bezugslinie als Abszissenachse an den unteren Blattrand; sie stellt eine Parallele zum Horizont dar, die um ein Vielfaches von 10 m über der Höhenausgangsfläche liegt. Auf der Bezugslinie wird die Leitlinie möglichst im Maßstab des Lageplanes abgetragen. Als Ordinaten werden die Höhen der Achspunkte über der Bezugslinie eingezeichnet, jedoch, um die Höhenverhältnisse klar heraustreten zu lassen, in einem mindestens 10mal größeren Maßstab. Übliche Maßstäbe für die Längen sind 1 : 1000 bis 1 : 5000, für die Höhen 1 : 100 bis 1 : 250.

Die Bezugslinie, die Ordinaten und die Geländelinie, ferner die Stationszahlen und die auf NN bezogenen Höhen der eingewogenen Punkte werden in schwarzer

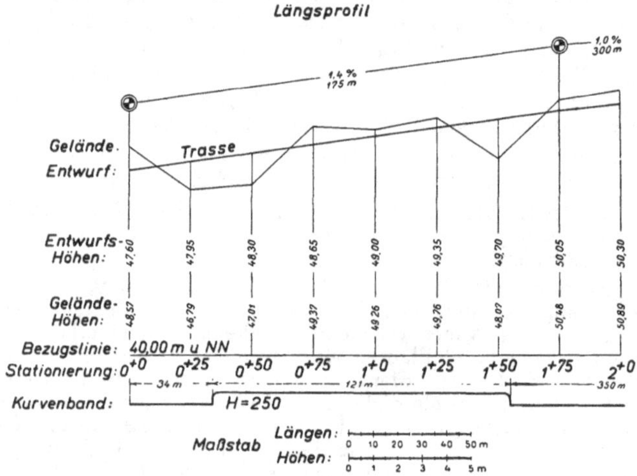

Bild 111. Längsprofil.

Tusche, Wasserlinien und Höhen von Wasserständen in Blau ausgezogen. Sodann werden in Zinnober die Entwürfe und die zugehörigen Ordinaten eingezeichnet, so daß der Höhenunterschied zwischen Örtlichkeit und geplanter Bauwerkshöhe aus dem Längsprofil entnommen werden kann.

Im Querprofil werden, damit die Entwürfe nicht verzerrt werden und die Querschnittsflächen bequem berechnet werden können, Längen und Höhen im gleichen Maßstab aufgetragen, und zwar meistens im Maßstab der Höhen des Längsprofils. Zweckmäßig überträgt man zunächst den Achspfahl aus dem Längsprofil, zeichnet dann in Bleistift den bei der Aufnahme des Querprofils benutzten Instrumentenhorizont ein und setzt von da aus die Geländepunkte nach unten ab. Die Bezugslinie kann zur Raumersparnis noch stärker angehoben werden

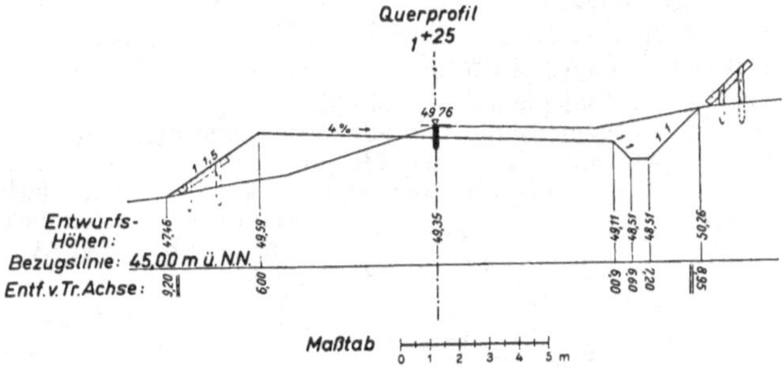

Bild 112. Querprofil.

als beim Längsprofil. In Tusche werden in der Regel nur die Höhe des Grundpfahls, die Geländeoberfläche und der Entwurf ausgezogen. Die Profilflächen des Auftrags werden blaßrot, die des Abtrags grau angelegt. Das Verfahren zum Abstecken des geplanten Bauwerkes in der Örtlichkeit ist in obigem Bilde angedeutet worden.

Die zu bewegende Erdmasse ergibt sich bei Auftrag und Abtrag als Mittel der Projektflächen benachbarter Querprofile multipliziert mit ihrem Abstand; beim Anschnitt tritt an die Stelle des Mittels die halbe Differenz.

74 Flächennivellement

Für die Bearbeitung von Bebauungsplänen, die Anlage von Sportplätzen, die Einrichtung von Ent- und Bewässerungen usw. reichen Längs- und Querprofile nicht aus. Man gebraucht statt dessen einen mit Höhenlinien versehenen Lageplan. Dabei werden die Höhenlinien auf Grund von Geländepunkten entworfen, die in der Örtlichkeit nach Lage und Höhe festgelegt sind. Die Höhe wird bei schwach geneigtem Gelände nivellitisch, bei stärkeren Neigungen tachymetrisch bestimmt (vgl. Vermessungskunde III, Slg. Göschen Nr. 862).

74.1 Die Lagemessung richtet sich bei der hier allein zu beschreibenden nivellitischen Höhenbestimmung nach den etwa vorhandenen Kartenunterlagen und nach der Höhengestaltung des Geländes.

a) Ist ein Lageplan mit zahlreichen eingemessenen Punkten (Grenzsteinen usw.) vorhanden, so wählt man, zumal in flachen Gegenden, für die Höhenaufnahme eine Anzahl von diesen Punkten aus oder legt, wenn die Punkte nicht ausreichen, zusätzliche Punkte von den vorhandenen aus fest.

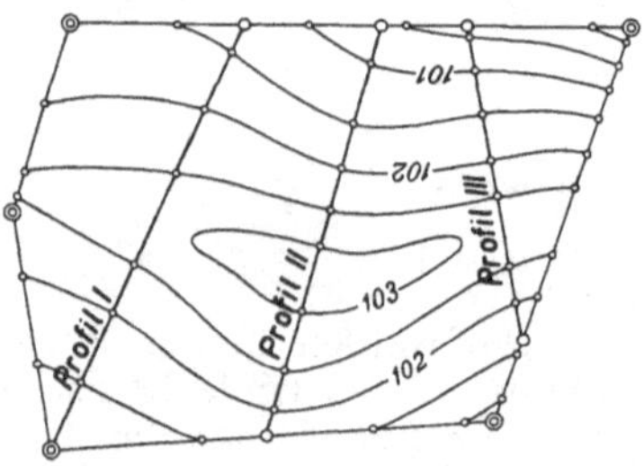

Bild 113. Einbinden von Profilen.

b) Ist das Grundstück nur in den Umringsgrenzen bekannt, so legt man quer durch das Grundstück gerade Profile, deren Anfangs- und Endpunkte in die Umringsgrenzen eingebunden werden.

c) Liegt keine Vermessungsgrundlage vor, so überzieht man das Gelände mit einem Netz sich rechtwinklig schneidender und paralleler Geraden, die entweder gleiche Abstände (Quadratrost) oder ungleiche Abstände (Viereckrost) zwischen 10 und 50 m haben. Die Anlage eines Quadratrostes ist vor allem dann geboten, wenn die Erdmassen berechnet werden müssen. Etwaige zwischen die Rostpunkte fallende wichtige Geländepunkte werden in das Rost eingemessen. Die aufzunehmenden Punkte werden numeriert und mit Pfählchen bezeichnet.

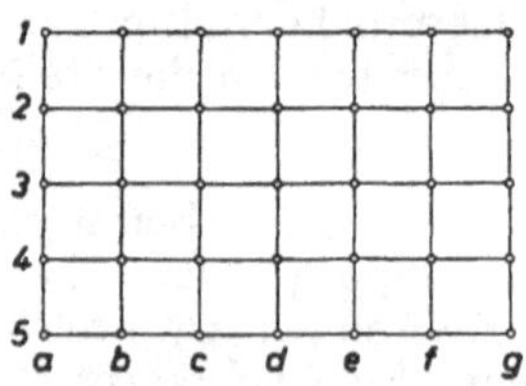

Bild 114. Quadratrost.

d) In etwas bewegterem Gelände kann man die Lage der für die Geländeform wichtigen Punkte am besten von bekannten Punkten aus mit Hilfe des in 62.3 beschriebenen

Nivelliertachymeters festlegen. Man erfaßt in erster Linie die sogenannten Geripplinien, nämlich die Rücken- und Muldenpunkte, ferner Gefällwechsel und Böschungskanten. Das Verfahren erfordert indessen einige topographische Kenntnisse.

74.2 Die Höhenaufnahme. Für die Höhenbestimmung verwendet man ein Baunivellier mit guter Optik, welches, um lange Visuren zu ermöglichen, sorgfältig berichtigt werden muß. Die Latte soll mindestens 4 m lang sein, damit von einem Standpunkt aus möglichst große Flächen erfaßt werden können. Abgelesen werden je nach Geländegestaltung Zentimeter, halbe Dezimeter oder Dezimeter. Für die Aufschreibung benutzt man zweckmäßig das beim Längsprofil benutzte Muster „Nivellement mit Seitenblicken". Man achte sehr darauf, daß keine Punktverwechslungen auftreten!

Bei der Beurteilung des Geländes für die Auswahl des Instrumentenstandortes unterliegt man sehr leicht Täuschungen. Bei ausgedehnten Flächennivellements kann es daher geboten sein, sich zuvor durch ein flüchtiges Vornivellement einen rohen Überblick zu verschaffen, danach die Standorte auszuwählen und ihre Höhe durch ein Festpunktnivellement vorweg zu bestimmen. Diese letzte Maßnahme empfiehlt sich auch dann, wenn die Anschlußpunkte weit entfernt sind.

Überwiegen lange Visuren — man kann u. U. bis zu 300 m gehen —, so nehme man eine Latte mit Dezimeter- oder Halbdezimetereinteilung und achte darauf, daß die Stehachse des Instruments gut lotrecht steht.

Bei gleichzeitiger Lage- und Höhenmessung müssen zwei Techniker — einer am Instrument und einer im Gelände — eingesetzt werden. Lage und Höhe können auch auf photogrammetrischem Wege gewonnen werden. Die Vorzüge dieses Verfahrens treten jedoch erst bei stärkerer Neigung des Geländes in die Erscheinung.

74.3 Das Ausarbeiten der Höhenpläne. Zuerst werden die beobachteten Punkte in den Lageplan eingetragen; dann wird neben jedem Punkt seine Höhe vermerkt; schließlich werden auf Grund der eingetragenen Punkte *Höhenlinien* konstruiert. Die Höhenlinien, auch Höhenschichtlinien oder Niveaukurven genannt, sind Horizontalkurven, die die Punkte gleicher NN-Höhen miteinander verbinden. Sie werden je nach der verlangten Genauigkeit in flachem Gelände in Abständen von 0,1, 0,5 oder meistens 1,0 m, in etwas bewegtem Gelände von 2,5 oder 5 m gezeichnet, und zwar in der Weise, daß zunächst die Punkte mit runden Höhen zwischen den aufgenommenen Geländepunkten interpoliert und dann die gefundenen Punkte durch eine flüssige Linie miteinander verbunden werden. Vergl. Bild 113.

Interpoliert werden kann — immer in der Richtung des stärksten Gefälles — entweder auf rechnerischem oder zeichnerischem Wege. Als Beispiel seien zwei Geländepunkte (1) und (2) mit den Höhen h_1 = 263,3 und h_2 = 268,5 betrachtet, die im Lageplan im Papiermaßstab 28,3 mm voneinander entfernt liegen. Verlangt sind die Schnitte der geraden Verbindungslinie (1) (2) mit den Höhenlinien 64,0, 65,0 . . . 68,0, wobei davon ausgegangen werden kann, daß die Gerade (1) (2) dem Gelände angehört.

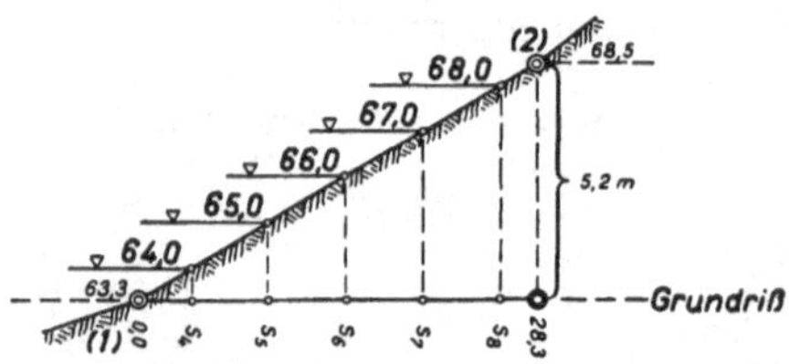

Bild 115. Interpolieren von Höhenlinien.

Für das rechnerische Verfahren sei in dem oben dargestellten Vertikalschnitt durch das Gelände unter s_4 die Papierentfernung von (1) bis zum Schnitt mit der Höhenlinie 64,0, unter s_5 von (1) bis 65,0 usw. verstanden; dann ergibt eine Rechenschieberberechnung in mm

$$s_4 = \frac{28,3}{5,2}\,0,7;\; s_5 = \frac{28,3}{5,2}\,1,7;\; s_6 = \frac{28,3}{5,2}\,2,7 \text{ usw.}$$

oder $s_4 = 3,8$; $s_5 = 9,2$; $s_6 = 14,7$; $s_7 = 20,1$; $s_8 = 25,6$ mm.

Bei der zeichnerischen Lösung legt man ein Blatt transparenten Millimeterpapiers oder die in 43.3 beschriebene Harfe, deren Parallelen man mit den Zahlen 0 bis 20 beziffert hat, so auf den Lageplan, daß in dieser Parallelenschar dem Punkt (1) die Höhe 3,3 und dem Punkt (2) die Höhe 8,5 zukommt. Dann schiebt man ein Lineal in die Verbindungslinie (1) (2) und sticht die Schnittpunkte der Linealkante mit den Parallelen Nr. 4 bis 8 mit einer Nadel oder Zirkelspitze durch. Die Nadelstiche sind die gesuchten Schnittpunkte. Zweckmäßig beschafft man sich zwei Parallelenscharen, eine engere für steiles, und eine weitere für flaches Gelände, oder man versieht ein und dieselbe Parallelenschar mit verschiedenen Bezifferungen.

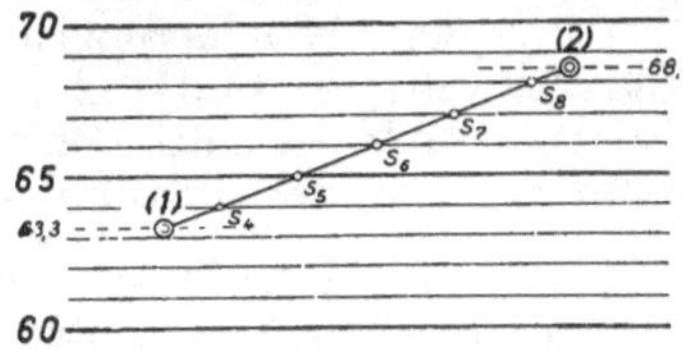

Bild 116. Graphisches Interpolieren.

Beim Entwerfen der Höhenlinien werden sich nicht selten Zweifel über den besten Verlauf der Höhenlinien ergeben. Deshalb fertigt man zweckmäßig während der Feldarbeit eine Geländeskizze, in der man den mutmaßlichen Verlauf der Höhenlinien (Formlinien) andeutet; man vermerkt sodann an wichtigen Stellen die Richtung des stärksten Gefälles und gibt schließlich an, auf welchen Linien interpoliert werden darf. Nur bei gleichzeitiger Berücksichtigung aller Daten und sachkundigem, der Aufnahmegenauigkeit Rechnung tragendem Ausgleich kleiner Widersprüche wird man ein richtiges Höhenbild gewinnen.

Die Höhenlinien werden gewöhnlich in brauner Tusche (Sepia oder gebr. Siena) ausgezeichnet und in geeigneten Abständen beziffert. Zur Übersichtlichkeit werden die Höhenlinien mit runden NN-Höhen durch stärkere Auszeichnung hervorgehoben.

75 Genauigkeit des Nivellements

75.1 Das Fehlergesetz des Nivellierens. Die durch das Nivellement erhaltenen Höhenunterschiede werden durch systematische und durch zufällige Fehler verfälscht. Es gelingt jedoch durch die in 72 genannten Maßnahmen, die systematischen Fehler weitgehend auszumerzen, so daß in der Hauptsache nur die zufälligen Fehler in Erscheinung treten. Da der Gesamthöhenunterschied beim Nivellieren die Summe zahlreicher Einzelhöhenunterschiede ist, wächst der mittl. Fehler gem. 14.4 mit der Wurzel aus der Anzahl der Aufstellungen. Ist L die Länge einer Nivellierungslinie und z die durchschnittliche Zielweite, so sind $L/2\,z$ Aufstellungen erforderlich. Also ist, wenn m der mittl. Fehler einer Höhenunterschiedsbestimmung ist, der mittl. Fehler von L

$$m_L = m\sqrt{L/2\,z}. \tag{1}$$

In der Regel legt man jedoch nicht den mittl. Fehler einer Höhenunterschiedsbestimmung, sondern den mittl. Fehler einer Strecke von 1 km zugrunde. Dann ist der mittl. Fehler einer Nivellementslinie L, die n Kilometer lang ist,

$$m_L = m_{1\,\text{km}}\sqrt{n}. \tag{2}$$

75.2 Die Berechnung des mittleren Kilometerfehlers. Ein mittl. Kilometerfehler läßt sich je nach Art der getätigten Beobachtungen aus den Differenzen zwischen Hin- und Rückweg, aus den Widersprüchen beim Abschluß an Festpunkten und aus Schleifenschlüssen berechnen. In den dafür bestimmten Formeln versteht man unter r die „Strecke" zwischen zwei benachbarten Höhenfestpunkten; eine „Linie" L ist die Summe der Strecken zwischen zwei Knotenpunkten, d. h. Punkten, an denen mehrere Linien zusammenlaufen; eine „Schleife" führt über mehrere Fest- oder Knotenpunkte wieder auf den Ausgangspunkt zurück.

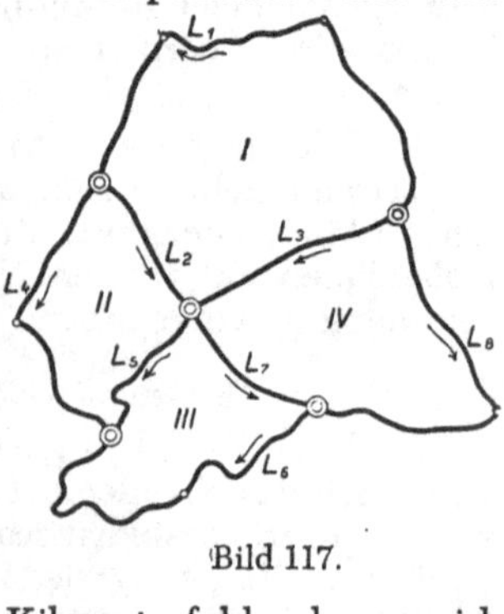

Bild 117.

Zur Berechnung der mittl. Kilometerfehler lassen sich aus den in 14 angegebenen Grundlagen die nachstehenden speziellen Formeln entwickeln:

a) *Mittlerer Kilometerfehler aus den Differenzen* d_i *zwischen Hin- und Rückweg.* Es mögen n Strecken $r_1, r_2 \cdots r_n$ im Hin- und Rückgang beobachtet sein; dann ist *der mittl. km-Fehler einer einfach gemessenen Strecke*

$$m_{1\,\mathrm{km}} = \pm \sqrt{\frac{1}{2n}\left[\frac{d^2}{r_{\mathrm{km}}}\right]}, \tag{3}$$

der mittl. km-Fehler einer aus Hin- und Rückgang gemittelten Strecke

$$M_{1\,\mathrm{km}} = \pm \frac{m_{1\,\mathrm{km}}}{\sqrt{2}}. \tag{4}$$

Bei Linien treten die L an die Stelle der r.

b) *Mittlerer Kilometerfehler aus den Widersprüchen* w_i *beim Anschluß an zwei Festpunkte oder bei geschlossenen Nivellementsschleifen.* Es sei eine Linie zwischen zwei Anschlußpunkten oder eine geschlossene Schleife von der Länge L beobachtet und dabei der Abschlußwiderspruch w aufgetreten. Dann ist der *mittl. km-Fehler berechnet aus einem Widerspruch*

$$m_{1\,\mathrm{km}} = \pm \frac{w}{\sqrt{L_{\mathrm{km}}}}. \tag{5}$$

Ein aus nur e i n e m Widerspruch berechneter mittl. Fehler hat keinen großen Wert; ein zuverlässigeres Maß ist der *mittl. km-Fehler berechnet aus n Widersprüchen*

$$m_{1\,\mathrm{km}} = \pm \sqrt{\frac{1}{n}\left[\frac{w^2}{L_{\mathrm{km}}}\right]}. \tag{6}$$

In beiden Fällen wird, wenn nur in einer Richtung gemessen ist, der mittl. Fehler für 1 km Einzelmessung erhalten; ist aber mit dem Mittel aus Doppelmessungen in die Formeln eingegangen, so bezieht sich auch der mittl. Kilometerfehler auf eine aus Hin- und Rückgang gemittelte Strecke.

c) *Mittlerer Fehler berechnet aus Hin- und Rückweg und aus Schleifenschlüssen.* Sind mehrere Schleifen der im Bild 117 angedeuteten Art im Hin- und Rückweg beobachtet, so wird der mittl. Fehler für 1 km Doppelnivellement sowohl aus Hin- und Rückweg gem. (4), wie aus Schleifenwidersprüchen gem. (6) berechnet. Erhält man dabei aus der Mehrzahl der Schleifenschlüsse einen größeren Kilometerfehler als aus Hin- und Rückweg, so ist anzunehmen, daß die systematischen Fehler nicht hinreichend ausgeschaltet sind. Dann muß eine Überprüfung des Meßverfahrens an Hand der in 72.4 genannten Kriterien vorgenommen werden.

Beispiele:

Zu a) In dem in Bild 117 dargestellten Netzteil, der dem Teil III der „Nivellements hoher Genauigkeit" der Preußischen Landesaufnahme entnommen ist, ergaben sich zwischen Hin- und Rücknivellement die nachfolgenden Differenzen.

Linie	L in km	d in mm	dd/L
L_1	108,2	− 2,4	0,05
L_2	30,4	+ 1,0	0,03
L_3	41,1	− 8,1	1,60
L_4	61,3	+ 13,5	2,97
L_5	30,5	− 4,8	0,75
L_6	73,5	+ 8,7	1,03
L_7	35,0	− 4,5	0,58
L_8	83,1	− 0,3	0,00
			7,01

Daraus erhält man gem. (3) und (4) folgende mittl. Fehler

$$m_{1\,\text{km}} = \pm \sqrt{\frac{1}{2 \cdot 8}\,7{,}01} = \pm\ 0{,}66\ \text{mm}$$

$$M_{1\,\text{km}} = \pm\ \frac{0{,}66}{\sqrt{2}} = \pm\ 0{,}47\ \text{mm}.$$

Zu b) In demselben Netzteil traten, als die doppelt nivellierten Linien zu Schleifen zusammengestellt wurden, die nachfolgenden Widersprüche auf.

Schleife	L in km	w in mm	ww/L
I	179,7	− 0,31	0,00
II	122,3	− 9,00	0,66
III	139,2	+ 5,25	0,20
IV	159,6	+ 6,73	0,28
			1,14

Daraus ergab sich gem. (6)

$$M_{1\,\mathrm{km}} = \pm\sqrt{\frac{1}{4}\,1{,}14} = \pm\,0{,}53\ \mathrm{mm}.$$

Zu c) Der für $M_{1\,\mathrm{km}}$ nach (6) erhaltene Wert liegt nur ganz wenig über dem Ergebnis der auf (4) gestützten Rechnung. Systematische Fehler dürften daher bei der Beobachtung nicht aufgetreten sein.

75.3 Die Fehlergrenzen für Festpunktnivellements. Für die Messungen im Nivellementsfestpunktfeld [71] haben die Vermessungsverwaltungen Fehlergrenzen festgesetzt, die gem. 14.5 etwa das Dreifache des zu erwartenden mittl. Fehlers betragen. Sie lauten im Auszug:

a) Bei Hin- und Rücknivellement derselben Strecke dürfen nachstehende Differenzen nicht überschritten werden:

$$\begin{aligned} &\text{im Netz I. O. } d_{\mathrm{I}} = \pm\left(2{,}0\sqrt{s_{\mathrm{km}}}\right)\mathrm{mm}\\ &\text{im Netz II. O. } d_{\mathrm{II}} = \pm\left(3{,}0\sqrt{s_{\mathrm{km}}}\right)\mathrm{mm}\\ &\text{im Netz III. O. } d_{\mathrm{III}} = \pm\left(6{,}0\sqrt{s_{\mathrm{km}}}\right)\mathrm{mm} \end{aligned} \qquad (7)$$

b) Beim Anschluß eines Nivellements an zwei gegebene Festpunkte dürfen folgende Widersprüche nicht überschritten werden:

$$\begin{aligned} &\text{im Netz I. O. } w_{\mathrm{I}} = \pm\left(2{,}0 + 2{,}0\sqrt{s_{\mathrm{km}}}\right)\mathrm{mm}\\ &\text{im Netz II. O. } w_{\mathrm{II}} = \pm\left(2{,}0 + 3{,}0\sqrt{s_{\mathrm{km}}}\right)\mathrm{mm}\\ &\text{im Netz III. O. } w_{\mathrm{III}} = \pm\left(2{,}0 + 6{,}0\sqrt{s_{\mathrm{km}}}\right)\mathrm{mm}. \end{aligned} \qquad (8)$$

Bei technischen Nivellements hängt die Genauigkeit, mit der nivelliert werden muß, von der Genauigkeit ab, die für den jeweiligen Zweck gefordert wird. Fehlergrenzen haben daher für Nivellements, die die Grundlage für technische Anlagen bilden, keinen rechten Sinn. Der Ingenieur muß in der Lage sein, ein den Genauigkeitsanforderungen entsprechendes Nivellierverfahren zu wählen und durch Berechnung des mittl. Fehlers zu prüfen, ob die erstrebte Genauigkeit erreicht ist.

75.4 Die Genauigkeit von Flächennivellements. Bei Flächennivellements haben die in 74.1 bis 74.3 entwickelten Fehlergesetze insoweit Geltung, als es sich um die Übertragung der Höhe von einem Standpunkt zum anderen handelt. Für die Geländeaufnahme selbst hängt die Genauigkeit von der Geländegestaltung und von der Aufnahmedichte ab, für die allgemeine Regeln nicht aufgestellt werden können. Man sorge aber dafür, daß bei der Bestimmung der Aufnahmestandpunkte die Gesetze der Fehlerfortpflanzung beachtet werden. Bei der Erfassung der Geländepunkte selbst braucht man sich lediglich gegen grobe Fehler zu sichern.

Neuere Lehr- und Handbücher (Auswahl)

Ackerl, F.: Geodäsie und Photogrammetrie. Verlag G. Fromme, Wien. 1. Teil 1950; 2. Teil 1956.

Großmann, W.: Grundzüge der Ausgleichungsrechnung. Springer-Verlag, Berlin - Göttingen - Heidelberg 1954.

Harbert, E.: Vermessungskunde. Verlag H. Wichmann, Liebenwerda-Berlin. Band I, 4. Aufl. 1948. Band II, 2. Aufl. 1948.

Heckelmann, A.: Praktische Vermessungskunde. Verlag Giradet, Essen 1950.

Jordan - Eggert - Kneißl: Handbuch der Vermessungskunde. Metzlersche Verlagsbuchhandlung, Stuttgart. Zweiter Band „Feld- und Landmessung". 10. Aufl. 1950; Dritter Band „Höhenmessung und Tachymetrie" 10. Aufl. 1956.

Näbauer, M.: Vermessungskunde. Springer - Verlag, Berlin-Göttingen - Heidelberg. Dritte Aufl. 1949.

Ramsayer, K.: Grundriß der Vermessungskunde. Verlag Wittwer, Stuttgart 1955.

Volquardts, G. u. H.: Feldmessen. Teubersche Verlagsgesellschaft, Stuttgart. Teil 1, 17. Aufl. 1956; Teil 2, 8. Aufl. 1955.

Wittke, H.: Geodätische Briefe. Selbstverlag, Goslar 1951.

Zill, W.: Vermessungskunde für Bauingenieure. Verlag Eug. Köhler, Leipzig 1956.

Sachverzeichnis

Geisteswissenschaften

Philosophie

Einführung in die Philosophie von *H. Leisegang*†. 3. Aufl. 145 S. 1957 *(Bd. 281)*

Hauptprobleme der Philosophie von *G. Simmel* †. 7., unveränd. Aufl. 177 S. 1950 *(Bd. 500)*

Geschichte der Philosophie

I: Die Griechische Philosophie von *W. Capelle*. 1. Teil. Von Thales bis Leukippos. 2., erw. Aufl. 135 S. 1953 *(Bd. 857)*

II: Die griechische Philosophie von *W. Capelle*. 2. Teil. Von der Sophistik bis zum Tode Platons. 2., stark erw. Aufl. 144 S. 1953 *(Bd. 858)*

III: Die griechische Philosophie von *W. Capelle*. 3. Teil. Vom Tode Platons bis zur Alten Stoa. 2., stark erw. Aufl. 132 S. 1954 *(Bd. 859)*

IV: Die griechische Philosophie von *W. Capelle*. 4. Teil. Von der Alten Stoa bis zum Eklektizismus im 1. Jh. v. Chr. 2., stark erw. Aufl. 132 S. 1954 *(Bd. 863)*

V: Die Philosophie des Mittelalters von *J. Koch*. In Vorb. *(Bd. 826)*

VI: Von der Renaissance bis Kant von *K. Schilling*. 234 S. 1954 *(Bd. 394/394a)*

VII: Immanuel Kant von *G. Lehmann*. In Vorb. *(Bd. 536)*

VIII: Die Philosophie des 19. Jahrhunderts von *G. Lehmann*. 1. Teil. 151 S. 1953 *(Bd. 571)*

IX: Die Philosophie des 19. Jahrhunderts von *G. Lehmann*. 2. Teil. 168 S. 1953 *(Bd. 709)*

X: Die Philosophie im ersten Drittel des 20. Jahrhunderts I von *G. Lehmann*. 128 S. 1957 *(Bd. 845)*

Die geistige Situation der Zeit (1931) von *K. Jaspers*. 4., unveränd. Abdruck der 1932 bearb. 5. Aufl. 211 S. 1955 *(Bd. 1000)*

Erkenntnistheorie von *G. Kropp*. 1. Teil: Allgemeine Grundlegung. 143 S. 1950 *(Bd. 807)*

Philosophisches Wörterbuch von *M. Apel*†. 5. Aufl., neub. von *P. Ludz* 1958 In Vorb. *(Bd. 1031/1031a)*

Philosophische Anthropologie. Menschliche Selbstdeutung in Geschichte und Gegenwart von *M. Landmann*. 266 S. 1955 *(Bd. 156/156a)*

Pädagogik, Psychologie Soziologie

Geschichte der Pädagogik von *Herm. Weimer*. 12., neub. u. verm. Aufl. von *Heinz Weimer*. 177 S. 1956 *(Bd. 145)*

Therapeutische Psychologie. Ihr Weg durch die Psychoanalyse von *W. M. Kranefeldt*. Mit einer Einführung von *C. G. Jung*. 3., unveränd. Aufl. 152 S. 1956 *(Bd. 1034)*

Allgemeine Psychologie von *Th. Erismann*. 3 Bde.

I: Grundprobleme. 2., neub. Aufl. 144 S. 1958 *(Bd. 831)*

Soziologie. Geschichte und Hauptprobleme von *L. von Wiese*. 5. Aufl. 162 S. 1954 *(Bd. 101)*

Sozialpsychologie von *P. R. Hofstätter*. 181 S., 15 Abb., 22 Tab. 1956 *(Bd. 104/104a)*

Psychologie des Berufs- und Wirtschaftslebens von *W. Moede*. 1958 In Vorb. *(Bd. 851/851a)*

Industrie- und Betriebssoziologie von *R. Dahrendorf*. 120 S. 1956 *(Bd. 103)*

Religionswissenschaften

Jesus von *M. Dibelius*†. 2. Aufl. Unveränd. Nachdr. 137 S. 1949 *(Bd. 1130)*

Paulus von *M. Dibelius*†. Nach dem Tode des Verfassers herausgegeben und zu Ende geführt von *W. G. Kümmel*. 2. Aufl. 155 S. 1956 *(Bd. 1160)*

Römische Religionsgeschichte von *F. Altheim*. 2 Bde. 2., umgearb. Aufl.

I: Grundlagen und Grundbegriffe. 116 S. 1956 *(Bd. 1035)*

II: Der geschichtliche Ablauf. 164 S. 1956 *(Bd. 1052)*

Geschichte Israels von *E.-L. Ehrlich*. 1958 In Vorb. *(Bd. 231/231a)*

Musik

Musikästhetik von *H. J. Moser.* 180 S. 1953 *(Bd. 344)*

Systematische Modulation von *R. Hernried.* 2. Aufl. 136 S. 1950 *(Bd. 1094)*

Der polyphone Satz von *E. Pepping.* 2 Bde.
1. Teil: Der cantus-firmus-Satz. 2. Aufl. 223 S. 1950 *(Bd. 1148)*
2. Teil: Übungen im doppelten Kontrapunkt und im Kanon. 137 S. 1957 *(Bd. 1164/1164a)*

Allgemeine Musiklehre von *H. J. Moser.* 2., durchges. Aufl. 155 S. 1955 *(Bd. 220/220a)*

Harmonielehre von *H. J. Moser.* 2 Bde. I: 109 S. 1954 *(Bd. 809)*

Die Musik des 19. Jahrhunderts von *W. Oehlmann.* 180 S. 1953 *(Bd. 170)*

Die Musik des 20. Jahrhunderts von *W. Oehlmann.* 1958 In Vorb. *(Bd. 171/171a)*

Technik der deutschen Gesangskunst von *H. J. Moser.* 3., durchges. und verb. Aufl. 144 S., 5 Fig. 1954 *(Bd. 576/576a)*

Die Kunst des Dirigierens von *H. W. von Waltershausen*†. 2. Aufl. 138 S. 1954 *(Bd. 1147)*

Die Technik des Klavierspiels aus dem Geiste des musikalischen Kunstwerkes von *K. Schubert*† 3. Aufl. 110 S. 1954 *(Bd. 1045)*

Kunst

Stilkunde von *H. Weigert.* 2 Bde. 3., durchges. Aufl.
I: Vorzeit, Antike, Mittelalter. 136 S., 94 Abb. 1958 *(Bd. 80)*
II: Spätmittelalter und Neuzeit. 1958 In Vorb. *(Bd. 781)*

Archäologie von *A. Rumpf.* 2 Bde.
I: Einleitung, historischer Überblick. 143 S., 6 Abb., 12 Taf. 1953 *(Bd. 538)*
II: Die Archäologensprache. Die antiken Reproduktionen. 136 S., 7 Abb., 12 Taf. 1956 *(Bd. 539)*

Geschichte

Einführung in die Geschichtswissenschaft von *P. Kirn.* 2. Aufl. 121 S. 1952 *(Bd. 270)*

Zeitrechnung d. röm. Kaiserzeit, des Mittelalters und der Neuzeit für die Jahre 1—2000 n. Chr. von *H. Lietzmann*†. 3. Aufl., durchges. von *K. Aland.* 130 S. 1956 *(Bd. 1085)*

Kultur der Urzeit von *F. Behn.* 3 Bde. 4. Aufl. der „Kultur der Urzeit" Bd. I—III von *M. Hoernes:*
I: Die vormetallischen Kulturen. (Die Steinzeiten Europas. Gleichartige Kulturen in anderen Erdteilen). 172 S., 48 Abb. 1950 *(Bd. 564)*
II: Die älteren Metallkulturen. (Der Beginn der Metallbenutzung. Kupfer- und Bronzezeit in Europa, im Orient und in Amerika). 160 S., 67 Abb. 1950 *(Bd. 565)*
III: Die jüngeren Metallkulturen. (Das Eisen als Kulturmetall. Hallstatt-Latène-Kultur in Europa. Das erste Auftreten des Eisens in den anderen Erdteilen). 149 S., 60 Abb. 1950 *(Bd. 566)*

Vorgeschichte Europas von *F. Behn.* Völlig neue Bearbeitung der 7. Aufl. der „Urgeschichte der Menschheit" von *M. Hoernes.* 125 S., 47 Abb. 1949 *(Bd. 42)*

Der Eintritt der Germanen in die Geschichte von *J. Haller.* 3. Aufl., durchges. von *H. Dannenbauer.* 120 S., 6 Ktnskizz. 1957 *(Bd. 1117)*

Von den Karolingern zu den Staufern von *J. Haller* †. Die altdeutsche Kaiserzeit (900—1250). 4., durchges. Aufl. von *H. Dannenbauer.* 1958 In Vorb. *(Bd. 1065)*

Deutsche Geschichte im Zeitalter der Reformation, der Gegenreformation und des 30jährigen Krieges von *F. Hartung.* 129 S. 1951 *(Bd. 1105)*

Deutsche Geschichte von 1648 bis 1740 von *W. Treue.* 120 S. 1956 *(Bd. 35)*

Deutsche Geschichte von 1713 bis 1806 von *W. Treue.* 168 S. 1957 *(Bd. 39)*

Quellenkunde der deutschen Geschichte im Mittelalter (bis zur Mitte des 15. Jahrhunderts) von *K. Jacob*†. 3 Bde.
II: Die Kaiserzeit (911—1250). 4. Aufl. 127 S. 1949 *(Bd. 280)*
III: Das Spätmittelalter (vom Interregnum bis 1500). Herausgeg. von

F. Weden. 152 S. 1952 *(Bd. 284)*
Geschichte Englands von *H. Preller.* I: bis 1815. 3., stark umgearb. Aufl. 135 S., 7 Stammtaf., 2 Ktn. 1952 *(Bd. 375)*
II: von 1815 bis 1910. 2., völlig umgearb. Aufl. 118 S., 1 Stammtaf., 7 Ktn. 1954 *(Bd. 1088)*
Römische Geschichte von *F. Altheim.* 4 Bde. 2., verb. Aufl.
I: Bis zur Schlacht bei Pydna (168 v. Chr.). 123 S. 1956 *(Bd. 19)*
II: Bis zur Schlacht bei Actium (31 v. Chr.). 130 S. 1956 *(Bd. 677)*
Geschichte der Vereinigten Staaten von Amerika von *O. Graf zu Stolberg-Wernigerode.* 192 S., 10 Ktn. 1956 *(Bd. 1051/1051 a)*

Deutsche Sprache und Literatur

Geschichte der deutschen Sprache von *H. Sperber.* 2. Aufl., durchges. von *W. Fleischhauer.* 1958 In Vorb. *(Bd. 915)*
Deutsches Rechtschreibungswörterbuch von *M. Gottschald.* 2., verb. Aufl. 269 S. 1953 *(Bd. 200/200a)*
Deutsche Wortkunde. Eine kulturgeschichtliche Betrachtung des deutschen Wortschatzes von *A. Schirmer.* 3., durchges. Aufl. 109 S. 1949 *(Bd. 929)*
Deutsche Sprachlehre von *W. Hofstaetter.* 9., neubearb. Aufl. von *G. Spree.* 144 S. 1953 *(Bd. 20)*
Stimmkunde für Beruf, Kunst und Heilzwecke von *H. Biehle.* 111 S. 1955 *(Bd. 60)*
Redetechnik. Einführung in die Rhetorik von *H. Biehle.* 115 S. 1954 *(Bd. 61)*
Sprechen und Sprachpflege (Die Kunst des Sprechens) von *H. Feist.* 2., verb. Aufl. 99 S., 25 Abb. 1952 *(Bd. 1122)*
Deutsches Dichten und Denken von der germanischen bis zur staufischen Zeit von *H. Naumann.* (Deutsche Literaturgeschichte vom 5.—13. Jahrhundert). 2., verb. Aufl. 166 S. 1952 *(Bd. 1121)*
Deutsches Dichten und Denken vom Mittelalter zur Neuzeit von *G. Müller* (1270—1700). 2., durchges. Aufl. 159 S. 1949 *(Bd. 1086)*
Deutsches Dichten und Denken von der Aufklärung bis zum Realismus (1700—1890). von *K. Viëtor* † 3., durchges. Aufl. von *G. Erdmann.* 1958 In Vorb. *(Bd. 1096)*
Der Nibelunge Nôt in Auswahl mit kurzem Wörterbuch von *K. Langosch.* 10., durchges. Aufl. 164 S. 1956 *(Bd. 1)*
Kudrun- und Dietrich-Epen in Auswahl mit Wörterbuch von *O. L. Jiriczek.* 6. Aufl. bearb. von *R. Wisniewski.* 173 S. 1957. *(Bd. 10)*
Wolfram von Eschenbach. Parzival. Eine Auswahl mit Anmerk. und Wörterbuch. Von *H. Jantzen.* 2. Aufl., bearb. von *H. Kolb.* 128 S. 1957 *(Bd. 921)*
Die deutschen Personennamen von *M. Gottschald.* 2., verb. Aufl. 151 S. 1955 *(Bd. 422)*
Althochdeutsches Elementarbuch von *H. Naumann*† und *W. Betz.* 2. Aufl. 156 S. 1954 *(Bd. 1111)*
Mittelhochdeutsche Grammatik von *H. de Boor* und *R. Wisniewski.* 141 S. 1956 *(Bd. 1108)*

Indogermanisch, Germanisch

Gotisches Elementarbuch. Grammatik, Texte mit Übersetzung und Erläuterungen von *H. Hempel.* 2., umgearb. Aufl. 165 S. 1953 *(Bd. 79)*
Indogermanische Sprachwissenschaft von *H. Krahe.* 2 Bde. 3. Aufl.
I: Einleitung und Lautlehre. 1958. In Vorb. *(Bd. 59)*
Germanische Sprachwissenschaft von *H. Krahe.* 2 Bde. 3., neub. Aufl.
I: Einleitung und Lautlehre. 147 S. 1956 *(Bd. 238)*
II: Formenlehre. 149 S. 1957 *(Bd. 780)*
Altnordisches Elementarbuch von *F. Ranke.* Schrifttum, Sprache, Texte mit Übersetzung und Wörterbuch. 2., durchges. Aufl. 146 S. 1949 *(Bd. 1115)*

Englisch, Französisch Italienisch

Altenglisches Elementarbuch von *M. Lehnert.* Einführung, Grammatik, Texte mit Übersetzung und Wörterbuch. 3., verb. Aufl. 178 S. 1955 *(Bd. 1125)*

Historische neuenglische Laut- und Formenlehre von *E. Ekwall*. 3., durchges. Aufl. 150 S. 1956 *(Bd. 735)*
Englische Phonetik von *H. Mutschmann*†. 117 S. 1956 *(Bd. 601)*
Englische Literaturgeschichte. 4 Bde.
I: Die alt- und mittelenglische Periode v. *F. Schubel*. 163 S. 1954 *(Bd. 1114)*
II: Von der Renaissance bis zur Aufklärung von *F. Schubel*. 160 S. 1956 *(Bd. 1116)*
III: Romantik und Viktorianismus von *P. Meissner*†. 150 S. 1938 *(Bd. 1124)*
IV: Das 20. Jahrhundert von *P. Meissner*†. 150 S. 1939 *(Bd. 1136)*
Beowulf von *M. Lehnert*. Eine Auswahl mit Einführung, teilweiser Übersetzung, Anmerkungen und etymologischem Wörterbuch. 2., verb. Aufl. 135 S. 1949 *(Bd. 1135)*
Shakespeare von *P. Meissner*†. 2. Aufl. neubearb. von *M. Lehnert*. 136 S. 1954 *(Bd. 1142)*
Italienische Literaturgeschichte von *K. Vossler*†. Unveränd. Nachdr. der 1927 erschien. 4., durchges. und verb. Aufl. 148 S. 1948 *(Bd. 125)*
Romanische Sprachwissenschaft von *H. Lausberg*. 2 Bde. 1956.
I: Einleitung und Vokalismus. 160 S. *(Bd. 128/128a)*
II: Konsonantismus. 95 S. *(Bd. 250)*

Griechisch, Lateinisch

Griechische Sprachwissenschaft von *W. Brandenstein*. 2 Bde.
I: Einleitung, Lautsystem, Etymologie. 160 S. 1954 *(Bd. 117)*
Geschichte der griechischen Sprache. 2 Bde.
I: Bis zum Ausgang der klassischen Zeit von *O. Hoffmann*†. 3. Aufl. bearb. von *A. Debrunner*. 156 S. 1954 *(Bd. 111)*
II: Grundfragen und Grundzüge des nachklass. Griechisch. Von *A. Debrunner*. 144 S. 1954 *(Bd. 114)*
Geschichte der griechischen Literatur von *W. Nestle*. 2 Bde. 2., verb. Aufl.
II: Von Alexander d. Gr. bis zum Ausgang der Antike. 128 S. 1948 *(Bd. 557)*
Geschichte der lateinischen Sprache von *F. Stolz*†. 3., stark umgearb. Auflage von *A. Debrunner*. 136 S. 1953 *(Bd. 492)*

Hebräisch, Sanskrit, Russisch

Hebräische Grammatik von *G. Beer*†. 2 Bde. 2., völlig neub. Aufl. von *R. Meyer*.
I: Schrift-, Laut- und Formenlehre I. 157 S. 1952 *(Bd. 763/763a)*
II: Formenlehre II. Syntax und Flexionstabellen. 195 S. 1955 *(Bd. 764/764a)*
Sanskrit-Grammatik von *M. Mayrhofer*. 89 S. 1953 *(Bd. 1158)*
Russische Grammatik von *E. Berneker*. 6., unveränd. Aufl. von *M. Vasmer*. 155 S. 1947 *(Bd. 66)*

Erd- und Länderkunde

Afrika von *F. Jaeger*. Ein geograph. Überblick. 2 Bde. 2., umgearb. Aufl.
I: Der Lebensraum. 179 S., 18 Abb. 1954 *(Bd. 910)*
II: Mensch und Kultur. 152 S., 6 Abb. 1954 *(Bd. 911)*
Australien und Ozeanien von *H. J. Krug*. 176 S., 46 Skizz. 1953 *(Bd. 319)*
Kartenkunde von *M. Eckert-Greifendorff*†. 3., durchges. Aufl. von *W. Kleffner*. 149 S., 63 Abb. 1950 *(Bd. 30)*

Volkswirtschaft, Publizistik

Allgemeine Betriebswirtschaftslehre von *K. Mellerowicz*. 3 Bde. 9., unveränd. Aufl.
I: 142 S. 1956 *(Bd. 1008)*
II: 112 S. 1956 *(Bd. 1153)*
III: 143 S. 1956 *(Bd. 1154)*
Allgemeine Volkswirtschaftslehre von *A. Paulsen*. 4 Bde.
I: Grundlegung, Wirtschaftskreislauf. 2., durchges. u. erg. Aufl. 140 S. 1958 *(Bd. 1169)*
II: Haushalte, Unternehmungen, Marktformen. 1. Aufl. 163 S., 32 Abb. 1956 *(Bd. 1170)*
Zeitungslehre von *E. Dovifat*. 2 Bde. 3., neubearb. Aufl.
I: Theoretische und rechtliche Grundlagen — Nachricht und Meinung — Sprache und Form. 148 S. 1955 *(Bd. 1039)*
II: Redaktion — Die Sparten Verlag und Vertrieb, Wirtschaft und Technik, Sicherung der öffentlichen Aufgabe. 158 S. 1955 *(Bd. 1040)*

Naturwissenschaften

Mathematik

Geschichte der Mathematik von *J. E. Hofmann*. 3 Bde.
I: Von den Anfängen bis zum Auftreten von Fermat und Descartes. 200 S. 1953 *(Bd. 226)*
II: Von Fermat und Descartes bis zur Erfindung des Calculus und bis zum Ausbau der neuen Methoden. 109 S. 1957 *(Bd. 875)*
III: Von den Auseinandersetzungen um den Calculus bis zur Französischen Revolution. 107 S. 1957 *(Bd. 882)*

Mathematische Formelsammlung von *F. Ringleb*. Vollst. umgearb. Neuausg. des Werkes von *O. Th. Bürklen*. 6., erw. Aufl. 278 S., 53 Fig. 1956 *(Bd. 51/51a)*

Fünfstellige Logarithmen von *A. Adler*. Mit mehreren graphischen Rechentafeln und häufig vorkommenden Zahlwerten. 2. Aufl. Neudr. 127 S., 1 Taf. 1949 *(Bd. 423)*

Arithmetik von *P. B. Fischer* † 3. Aufl. von *H. Rohrbach*. 1958 In Vorb. *(Bd. 47)*

Höhere Algebra von *H. Hasse*. 2 Bde. 4., durchges. Aufl.
I: Lineare Gleichungen. 152 S. 1957 *(Bd. 931)*
II: Gleichungen höheren Grades. 158 S., 5 Fig. 1958 *(Bd. 932)*

Aufgabensammlung zur höheren Algebra von *H. Hasse* und *W. Klobe*. 2., verb. und verm. Aufl. 181 S. 1952 *(Bd. 1082)*

Elementare und klassische Algebra vom modernen Standpunkt von *W. Krull*. 2 Bde. 2., erw. Aufl.
I: 136 S. 1952 *(Bd. 930)*

Einführung in die Zahlentheorie von *A. Scholz*†. Überarb. und herausgeg. von *B. Schoeneberg*. 2. Aufl. 128 S. 1955 *(Bd. 1131)*

Elemente der Funktionentheorie von *K. Knopp*†. 4. Aufl. 144 S., 23 Fig. 1955 *(Bd. 1109)*

Funktionentheorie von *K. Knopp*†. 2 Bde.
I: Grundlagen der allgem. Theorie der analytischen Funktionen. 9., neub. Aufl. 144 S., 8 Fig. 1957 *(Bd. 668)*
II: Anwendungen und Weiterführung der allgemeinen Theorie. 8./9. Aufl. 130 S., 7 Fig. 1955 *(Bd. 703)*

Aufgabensammlung zur Funktionentheorie von *K. Knopp*†. 2 Bde.
I: Aufgaben zur elementaren Funktionentheorie. 5. Aufl. 135 S. 1958 *(Bd. 877)*
II: Aufgaben zur höheren Funktionentheorie. 4. Aufl. 151 S. 1949 *(Bd. 878)*

Gewöhnliche Differentialgleichungen von *G. Hoheisel*. 5., durchges. Aufl. 129 S. 1956 *(Bd. 920)*

Partielle Differentialgleichungen v. *G. Hoheisel*. 3., neub. Aufl. 130 S. 1953 *(Bd. 1003)*

Aufgabensammlung zu den gewöhnlichen und partiellen Differentialgleichungen von *G. Hoheisel*. 2., umgearb. Aufl. 124 S. 1952 *(Bd. 1059)*

Integralgleichungen von *G. Hoheisel*. 2., durchges. Aufl. 1958 In Vorb. *(Bd. 1099)*

Mengenlehre von *E. Kamke*. 3., neub. Auflage. 194 S., 6 Fig. 1955 *(Bd. 999/999a)*

Ebene und sphärische Trigonometrie von *G. Hessenberg*. 5. Aufl., durchges. von *H. Kneser*. 172 S., 60 Fig. 1957 *(Bd. 99)*

Darstellende Geometrie von *W. Haack*. 3 Bde.
I: Die wichtigsten Darstellungsmethoden. Grund- und Aufriß ebenflächiger Körper. 2. Aufl. 1958 In Vorb. *(Bd. 142)*
II: Körper mit krummen Begrenzungsflächen. Kotierte Projektionen. 129 S., 86 Abb. 1954 *(Bd. 143)*
III: Axonometrie und Perspektive. 127 S., 100 Abb. 1957 *(Bd. 144)*

Analytische Geometrie von *K. P. Grotemeyer*. 201 S., 73 Abb. 1958 *(Bd. 65/65a)*

Sammlung von Aufgaben und Beispielen zur analytischen Geometrie der Ebene von *R. Haussner*†. Mit den vollständigen Lösungen. 139 S., 22 Fig. Neudr. 1949 *(Bd. 256)*

Nichteuklidische Geometrie. Hyperbolische Geometrie der Ebene. Von *R. Baldus*†. 3., verb. Aufl., durchges. und herausgeg. von *F. Löbell*. 140 S., 70 Fig. 1953 *(Bd. 970)*

Differentialgeometrie von *K. Strubecker* (früher Rothe). 3 Bde.
I: Kurventheorie der Ebene und des Raumes. 150 S., 18 Fig. 1955 *(Bd. 1113/1113a)*
II: Flächentheorie. 1958 In Vorb. *(Bd. 1179/1179a)*
III: Theorie der Flächenkrümmung. 1958 In Vorb. *(Bd. 1180/ 1180a)*

Einführung in die konforme Abbildung von *L. Bieberbach*. 5., erw. Aufl. 180 S., 42 Fig. 1956 *(Bd. 768/768a)*

Vektoren und Matrizen von *S. Valentiner*. 8., erw. Aufl. der „Vektoranalysis". Mit Anh.: Aufgaben zur Vektorrechnung von *H. König*. 1958 In Vorb. *(Bd. 354/354a)*

Vermessungskunde von *P. Werkmeister*. 3 Bde.
I: Stückmessung und Nivellieren. 10., völl. neub. Aufl. von *W. Grossmann*. 140 S., 117 Fig. 1958 *(Bd. 468)*
II: Messung von Horizontalwinkeln. Festlegung von Punkten im Koordinatensystem. Absteckungen. 7. Aufl. 151 S., 93 Fig. 1949 *(Bd. 469)*
III: Trigonometrische und barometrische Höhenmessung. Tachymetrie und Topographie. 6. Aufl. 147 S., 64 Fig. 1949 *(Bd. 862)*

Versicherungsmathematik von *F. Böhm*. 2 Bde.
I: Elemente der Versicherungsrechnung. 3., verm. und verb. Aufl. Durchges. Neudr. 151 S. 1954 *(Bd. 180)*
II: Lebensversicherungsmathematik. Einführung in die technischen Grundlagen der Sozialversicherung. 2., verb. Aufl. 205 S. 1953 *(Bd. 917/917a)*

Physik

Einführung in die theoretische Physik von *W. Döring*. 5 Bde.
I: Mechanik. 119 S., 29 Abb. 1954 *(Bd. 76)*
II: Das elektromagnetische Feld. 123 S., 15 Abb. 1955 *(Bd. 77)*
III: Optik. 117 S., 32 Abb. 1956 *(Bd. 78)*
IV: Thermodynamik. 107 S., 9 Abb. 1956 *(Bd. 374)*
V: Statistische Mechanik. 114 S., 12 Abb. 1957 *(Bd. 1017)*

Atomphysik von *K. Bechert* und *Ch. Gerthsen*. 7 Bde. 3., umgearb. Aufl.
I: Allgemeine Grundlagen. 1. Teil. 124 S., 55 Abb. 1955 *(Bd. 1009)*
II: Allgemeine Grundlagen. 2. Teil. 112 S., 48 Abb. 1955 *(Bd. 1033)*
III: Theorie des Atombaus. 1. Teil. 148 S., 16 Abb. 1954 *(Bd. 1123/1123a)*
IV: Theorie des Atombaus. 2. Teil. 170 S., 14 Abb. 1954 *(Bd. 1165/1165a)*

Differentialgleichungen der Physik von *F. Sauter*. 2. Aufl. 148 S., 16 Fig. 1950 *(Bd. 1070)*

Physikalische Formelsammlung von *G. Mahler*† und *K. Mahler*. 9., durchges. Aufl. 153 S., 69 Fig. 1955 *(Bd. 136)*

Physikalische Aufgabensammlung von *G. Mahler*†. Neub. von *K. Mahler*. Mit den Ergebn. 9., durchges. Aufl. 127 S., 1957 *(Bd. 243)*

Chemie

Geschichte der Chemie in kurzgefaßter Darstellung von *G. Lockemann*. 2 Bde.
I: Vom Altertum bis zur Entdekkung des Sauerstoffs. 142 S., 8 Bildn. 1950 *(Bd. 264)*
II: Von der Entdeckung des Sauerstoffs bis zur Gegenwart. 151 S., 16 Bildn. 1955 *(Bd. 265/265a)*

Anorganische Chemie von *W. Klemm*. 10., durchges. und erg. Aufl. 185 S., 18 Abb. 1958 *(Bd. 37)*

Organische Chemie von *W. Schlenk*. 7., erw. Aufl. 269 S., 16 Abb. 1957 *(Bd. 38/38a)*

Allgemeine und physikalische Chemie von *W. Schulze*. 2 Bde. 4., neubearb. Aufl.
I: 139 S., 10 Fig. 1955 *(Bd. 71)*
II: 176 S., 37 Fig. 1956 *(Bd. 698/698a)*

Molekülbau. Theoretische Grundlagen und Methoden der Strukturermittlung von *W. Schulze*. 1958 In Vorb. *(Bd. 786)*

Analytische Chemie von *J. Hoppe*. 2 Bde. 5., verb. Aufl.
I: Reaktionen. 135 S. 1950 *(Bd.247)*
II: Gang der qualitativen Analyse. 166 S. 1950 *(Bd. 248)*

Maßanalyse. Theorie und Praxis der klassischen und der elektrochemischen Titrierverfahren. Von *G. Jander* und *K. F. Jahr*. 7., erg. Aufl. 303 S., 50 Fig. 1956 *(Bd. 221/221a)*

Thermochemie von *W. A. Roth*. 2., verb. Aufl. 109 S., 16 Fig. 1952 *(Bd. 1057)*

Stöchiometrische Aufgabensammlung. Mit den Ergebn. von *W. Bahrdt*† und *R. Scheer*. 6., durchges. Aufl. 118 S. 1957 *(Bd. 452)*

Elektrochemie und ihre physikalisch-chemischen Grundlagen von *A. Dassler*. 2 Bde.
I: 149 S., 21 Abb. 1950 *(Bd. 252)*
II: 178 S., 17 Abb. 1950 *(Bd. 253)*

Technologie

Warenkunde von *K. Hassak*† und *E. Beutel*†. 2 Bde.
I: Anorganische Waren sowie Kohle und Erdöl. 8. Aufl. Neubearb. von *A. Kutzelnigg*. 1958 In Vorb. *(Bd. 222)*
II: Organische Waren. 7. Aufl. 143 S., 32 Fig. 1949 *(Bd. 223)*

Die Fette und Öle von *K. Braun*†. 5., völlig neubearb. und verb. Aufl. von *Th. Klug*. 145 S. 1950 *(Bd. 335)*

Die Seifenfabrikation von *K. Braun*†. 3., neubearb. und verb. Aufl. von *Th. Klug*. 116 S., 18 Abb. 1953 *(Bd. 336)*

Textilindustrie
I: Spinnerei und Zwirnerei. Von *A. Blümcke*. 111 S., 43 Abb. 1954 *(Bd. 184)*

Biologie

Einführung in die allgemeine Biologie von *M. Hartmann*. 132 S., 2 Abb. 1956 *(Bd. 96)*

Hormone von *G. Koller*. 2., neubearb. und erw. Aufl. 187 S., 60 Abb., 19 Tab. 1949 *(Bd. 1141)*

Fortpflanzung im Tier- und Pflanzenreich von *J. Hämmerling*. 2., erg. Aufl. 135 S., 101 Abb. 1951 *(Bd. 1138)*

Geschlecht und Geschlechtsbestimmung im Tier- und Pflanzenreich von *M. Hartmann*. 2., verb. Aufl. 116 S., 61 Abb., 7 Tab. 1951 *(Bd. 1127)*

Grundriß der allgemeinen Mikrobiologie von *W. Schwartz*. 2 Bde.
I: 104 S., 17 Abb. 1949 *(Bd. 1155)*
II: 93 S., 12 Abb. 1949 *(Bd. 1157)*

Symbiose der Tiere mit pflanzlichen Mikroorganismen von *P. Buchner*. 2., verb. und verm. Aufl. 130 S., 121 Abb. 1949 *(Bd. 1128)*

Botanik

Entwicklungsgeschichte des Pflanzenreiches von *H. Heil*. 2. Aufl. 138 S., 94 Abb., 1 Tab. 1950 *(Bd. 1137)*

Morphologie der Pflanzen von *L. Geitler*. 3. Aufl. 126 S., 114 Abb. 1953 *(Bd. 141)*

Pflanzengeographie von *L. Diels* †. 5., völl. neub. Aufl. von *F. Mattick*. 196 S., 2 Ktn. 1958 *(Bd. 389/389a)*

Die Laubhölzer. Kurzgefaßte Beschreibung der in Mitteleuropa gedeihenden Laubbäume und Sträucher. Von *F. W. Neger*† und *E. Münch*†. 3., durchges. Aufl. herausgeg. von *B. Huber*. 143 S., 63 Fig. 7 Tab. 1950 *(Bd. 718)*

Die Nadelhölzer (Koniferen) und übrigen Gymnospermen von *F. W. Neger*† und *E. Münch*†. 4. Aufl. Durchges. und erg. von *B. Huber*. 140 S., 75 Fig., 4 Tab., 3 Ktn. 1952 *(Bd. 355)*

Pflanzenzüchtung von *H. Kuckuck* 2 Bde.
I: Grundzüge der Pflanzenzüchtung. 3., völlig umgearb. Aufl. 132 S., 22 Abb. 1952 *(Bd. 1134)*
II: Spez. gartenbaul. Pflanzenzüchtung. 178 S., 27 Abb. 1957 *(Bd. 1178/1178a)*

Zoologie

Entwicklungsphysiologie der Tiere von *F. Seidel*. 2 Bde.
I: Ei und Furchung. 126 S., 29 Abb. 1953 *(Bd. 1162)*
II: Körpergrundgestalt und Organbildg. 159 S., 42 Abb. 1953 *(Bd. 1163)*

Das Tierreich.
Fische von *D. Lüdemann*. 130 S., 65 Abb. 1955 *(Bd. 356)*
Insekten von *H. von Lengerken*. 128 S., 58 Abb. 1953 *(Bd. 594)*

Lurche (Chordatiere) von *K. Herter*. 143 S., 129 Abb. 1955 *(Bd. 847)*
Spinnentiere (Trilobitomorphen, Fühlerlose) und Tausendfüßler. von *A. Kaestner*. 96 S., 55 Abb. 1955 *(Bd. 1161)*
Würmer. Platt-, Hohl-, Schnurwürmer, Komptozoen, Ringelwürmer, Protracheaten, Bärtierchen, Zungenwürmer von *S. Jaeckel*. 114 S., 36 Abb. 1955 *(Bd. 439)*
Weichtiere. Urmollusken, Schnekken, Muscheln, Kopffüßer von *S. Jaeckel*. 92 S., 34 Abb. 1954 *(Bd. 440)*
Stachelhäuter. Tentakulaten, Binnenatmer u. Pfeilwürmer von *S. Jaeckel*. 100 S., 46 Abb. 1955 *(Bd. 441)*
Schwämme und Hohltiere von *H. J. Hannemann*. 95 S., 80 Abb. 1956 *(Bd. 442)*
Krebse von *H. E. Gruner* und *K. Deckert*. 114 S., 43 Abb. 1956 *(Bd. 443)*
Einzeller, Protozoen von *E. Reichenow*. 115 S., 59 Abb. 1956 *(Bd. 444)*
Vergleichende Physiologie der Tiere von *K. Herter*. 2 Bde. 3. Aufl. der „Tierphysiologie".
I: Stoff- und Energiewechsel. 155 S., 64 Abb. 1950 *(Bd. 972)*
II: Bewegung und Reizerscheinungen. 148 S., 110 Abb. 1950 *(Bd. 973)*

Land- und Forstwirtschaft

Landwirtschaftliche Tierzucht. Die Züchtung und Haltung der landwirtschaftlichen Nutztiere von *H. Vogel*. 139 S., 11 Abb. 1952 *(Bd. 228)*
Kulturtechnische Bodenverbesserungen von *O. Fauser*. 2. Bde. 4., neubearb. Aufl.
I: Allgemeines, Entwässerung. 122 S., 47 Abb. 1947 *(Bd. 691)*
II: Bewässerung, Ödlandkultur, Umlegung. 150 S., 67 Abb. 1949 *(Bd. 692)*
Agrikulturchemie von *K. Scharrer*. 2 Bde.
I: Pflanzenernährung. 143 S. 1953 *(Bd. 329)*
II: Futtermittelkunde. 192 S. 1956 *(Bd. 330/330a)*

Geologie, Mineralogie Kristallographie

Geologie von *F. Lotze*. 176 S., 80 Abb. 1955 *(Bd. 13)*
Mineral- und Erzlagerstättenkunde von *H. Huttenlocher*†. 2 Bde.
I: 128 S., 34 Abb. 1954 *(Bd. 1014)*
II: 156 S., 48 Abb. 1954 *(Bd. 1015/1015a)*
Allgemeine Mineralogie. 9., erw. Aufl. der „Mineralogie" von *R. Brauns*† und *K. F. Chudoba*. 104 S., 107 Fig., 1 Taf., 2 Tab. 1955 *(Bd. 29)*
Spezielle Mineralogie. 9., erw. Aufl. der „Mineralogie" von *R. Brauns*† und *K. F. Chudoba*. 133 S., 105 Fig. 1955 *(Bd. 31)*
Petrographie (Gesteinskunde) von *W. Bruhns*† und *P. Ramdohr*. 4., durchges. Aufl. 104 S., 10 Fig. 1955 *(Bd. 173)*
Kristallographie von *W. Bruhns*† und *P. Ramdohr*. 4. Aufl. 106 S., 163 Abb. 1954 *(Bd. 210)*
Einführung in die Kristalloptik von *E. Buchwald*. 4., verb. Aufl. 138 S., 121 Fig. 1952 *(Bd. 619)*
Lötrohrprobierkunde. Mineraldiagnose mit Lötrohr- und Tüpfelreaktion. Von *M. Henglein*. 3., verb. Aufl. 91 S., 11 Fig. 1949 *(Bd. 483)*

Technik

Graphische Darstellung in Wissenschaft und Technik von *M. Pirani*. 3., erw. Aufl. bearb. von *J. Fischer* unter Benutzung der von *I. Runge* bes. 2. Aufl. 216 S., 104 Abb. 1957 *(Bd. 728/728a)*

Elektrotechnik

Grundlagen der allgemeinen Elektrotechnik von *O. Mohr*. 3 Bde.
I: Die drei Feldformen. 96 S., 41 Abb., 6 Taf. 1956 *(Bd. 196)*
II: Die wichtigsten elektr. und phys. Grunderscheinungen. 95 S., 36 Abb., 7 Taf. 1956 *(Bd. 197)*
III: Schaltvorgänge, Widerstandsformen, Meßtechnik. 91 S., 59 Abb., 1 Taf. 1956 *(Bd. 198)*
Die Gleichstrommaschine von *K. Humburg*. 2 Bde. 2., durchges. Aufl.

I: 102 S., 59 Abb. 1956 *(Bd. 257)*
II: 101 S., 38 Abb. 1956 *(Bd. 881)*
Die synchrone Maschine von *K. Humburg*. Neudr. 109 S., 78 Abb. 1951 *(Bd. 1146)*
Induktionsmaschinen von *F. Unger*. 2., erw. Aufl. 142 S., 49 Abb. 1954 *(Bd. 1140)*
Die komplexe Berechnung von Wechselstromschaltungen von *H. H. Meinke*. 2. Aufl. 180 S., 120 Abb. 1957 *(Bd. 1156/1156a)*
Theoretische Grundlagen zur Berechnung der Schaltgeräte von *F. Kesselring*. 3. Aufl. 144 S., 92 Abb. 1950 *(Bd. 711)*
Einführung in die Technik selbsttätiger Regelungen von *W. zur Megede*. 174 S., 86 Abb. 1956 *(Bd. 714/714a)*
Elektromotorische Antriebe (Grundlagen für die Berechnung) von *A. Schwaiger*. 3., neubearb. Aufl. 96 S., 34 Abb. 1952 *(Bd. 827)*
Technische Tabellen und Formeln von *W. Müller*. 4., verb. und erw. Aufl. von *E. Schulze*. 152 S., 105 Fig. 1951 *(Bd. 579)*
Überspannungen und Überspannungsschutz von *G. Frühauf*. Durchges. Neudr. 122 S., 98 Abb. 1950 *(Bd. 1132)*

Maschinenbau

Metallkunde von *H. Borchers*. 2 Bde. 3. Aufl.
I: Aufbau der Metalle und Legierungen. 120 S., 90 Abb., 2 Tab. 1956 *(Bd. 432)*
II: Eigenschaften, Grundzüge der Form und Zustandsgebung. 154 S., 100 Abb., 8 Tab. 1957 *(Bd. 433)*
Die Werkstoffe des Maschinenbaues von *H. Thum* und *C. M. von Meysenbug*. 2 Bde.
I: Einführung in die Werkstoffprüfung. 2., neubearb. Aufl. 100 S., 7 Tab., 56 Abb. 1956 *(Bd. 476)*
Dynamik von *W. Müller*. 2 Bde. 2., verb. Aufl.
I: Dynamik des Einzelkörpers. 128 S., 48 Fig. 1952 *(Bd. 902)*
II: Systeme von starren Körpern. 102 S., 41 Fig. 1952 *(Bd. 903)*
Technische Schwingungslehre von *L. Zipperer*. 2 Bde. 2., neubearb. Aufl.
I: Allgemeine Schwingungsgleichungen, einfache Schwinger. 120 S., 101 Abb. 1953 *(Bd. 953)*
II: Torsionsschwingungen in Maschinenanlagen. 102 S., 59 Abb. 1955 *(Bd. 961/961a)*
Werkzeugmaschinen für Metallbearbeitung von *K. P. Matthes*. 4 Bde.
I: 100 S., 27 Abb., 11 Zahlentaf., 1 Tafelanh. 1954 *(Bd. 561)*
II: Fertigungstechnische Grundlagen der neuzeitlichen Metallbearbeitung. 101 S., 30 Abb., 5 Taf. 1955 *(Bd. 562)*
Transformatoren von *W. Schäfer*. 3., überarb. u. erg. Aufl. 130 S., 73 Abb. 1957 *(Bd. 952)*
Das Maschinenzeichnen mit Einführung in das Konstruieren von *W. Tochtermann*. 2 Bde. 4. Aufl.
I: Das Maschinenzeichnen. 156 S., 77 Taf. 1950 *(Bd. 589)*
II: Ausgeführte Konstruktionsbeispiele. 130 S., 58 Taf. 1950 *(Bd. 590)*
Die Maschinenelemente von *E. A. vom Ende*. 3., verb. Aufl., 166 S., 175 Fig., 9 Taf. 1956 *(Bd. 3/3a)*
Maschinen der Eisenhüttenwerke von *L. Engel*. 156 S., 95 Abb. 1957 *(Bd. 583/583a)*
Walzwerke von *H. Sedlaczek* unter Mitarbeit von *F. Fischer* und *M. Buch*. 206 S., 157 Abb. 1958 *(Bd. 580/580a)*
Getriebelehre von *P. Grodzinski*. 2 Bde. 2., neubearb. Aufl.
I: Geometrische Grundlagen. 159 S., 142 Fig. 1953 *(Bd. 1061)*
Gießereitechnik von *H. Jungbluth*. 2 Bde.
I: Eisengießerei. 126 S., 44 Abb. 1951 *(Bd. 1159)*
Die Dampfkessel und Feuerungen einschließlich Hilfseinrichtungen in Theorie, Konstruktion und Berechnung von *W. Marcard*†. 2 Bde. 2. Aufl. Neubearb. von *K. Beck*.
I: Die theoretischen Grundlagen, Wärme, Verbrennung, Wärmeübertragung. 150 S., 42 Abb., 16 Tab. 1951 *(Bd. 9)*
II: Dampfkessel. 147 S., 43 Abb. 1952 *(Bd. 521)*
Dampfturbinen, ihre Wirkungsweise, Berechnung und Konstruktion von *C. Zietemann*. 3 Bde. 3., verb. Aufl.

I: Theorie der Dampfturbinen. 139 S., 48 Abb. 1955 *(Bd. 274)*
II: Die Berechnung der Dampfturbinen und die Konstruktion der Einzelteile. 132 S., 111 Abb. 1956 *(Bd. 715)*
III: Die Regelung der Dampfturbinen, die Bauarten, Turbinen für Sonderzwecke, Kondensationsanlagen. 126 S., 90 Abb. 1956 *(Bd. 716)*
Verbrennungsmotoren von *W. Endres.* 3 Bde.
I: Überblick, Motor-Brennstoffe, Verbrennung im Motor allgemein, im Otto- und Diesel-Motor. 153 S., 57 Abb. 1957 *(Bd. 1076/1076a)*
Technische Thermodynamik von *W. Nußelt.* 3 Bde.
I: Grundlagen. 4., verb. Aufl. 144 S., 71 Abb. 1956 *(Bd. 1084)*
II: Theorie der Wärmekraftmaschinen. Neudr. 144 S., 87 Abb., 32 Zahlentaf. 1951 *(Bd. 1151)*
Autogenes Schweißen und Schneiden von *H. Niese.* 5. Aufl. Neubearb. von *A. Küchler.* 136 S., 71 Fig. 1954 *(Bd. 499)*
Die elektrischen Schweißverfahren von *H. Niese.* 2. Aufl. Neubearb. von *H. Dienst.* 136 S., 58 Abb. 1955 *(Bd. 1020)*
Hebezeuge. Entwurf von Winden und Kranen von *G. Tafel.* 2., verb. Aufl. 176 S., 230 Fig. 1954 *(Bd. 414/414a)*

Wasserbau

Wasserkraftanlagen von *A. Ludin* u. Mitarb. v. *W. Borkenstein.* 2 Bde.
I: Planung, Grundlagen und Grundzüge. 124 S., 60 Abb. 1955 *(Bd. 665)*
II: Anordnung und Ausbildung der Hauptbauwerke. 1958 In Vorb. *(666/666a)*
Verkehrswasserbau von *H. Dehnert.* 3 Bde.
I: Entwurfsgrundlagen, Flußregelungen. 103 S., 52 Abb. 1950 *(Bd. 585)*
II: Flußkanalisierung und Schiffahrtskanäle. 94 S., 60 Abb. 1950 *(Bd. 597)*
III: Schleusen und Hebewerke. 98 S., 70 Abb. 1950 *(Bd. 1152)*
Wehr- und Stauanlagen von *H. Dehnert.* 134 S., 90 Abb. 1952 *(Bd. 965)*
Talsperren von *F. Tölke.* 122 S., 70 Abb. 1953 *(Bd. 1044)*

Hoch- und Tiefbau

Die wichtigsten Baustoffe des Hoch- und Tiefbaus von *O. Graf.* 4., verb. Aufl. 131 S., 63 Abb. 1953 *(Bd. 984)*
Baustoffverarbeitung und Baustellenprüfung des Betons von *A. Kleinlogel.* 2., neubearb. und erw. Aufl. 126 S., 35 Abb. 1951 *(Bd. 978)*
Festigkeitslehre. 2 Bde.
I: Elastizität, Plastizität und Festigkeit der Baustoffe und Bauteile von *W. Gehler*† und *W. Herberg.* Durchges. und erw. Neudr. 159 S., 118 Abb. 1952 *(Bd. 1144)*
II: Formänderung, Platten, Stabilität und Bruchhypothesen von *W. Herberg* und *N. Dimitrov.* 187 S., 94 Abb. 1955 *(Bd. 1145/1145a)*
Grundlagen des Stahlbetonbaus von *A. Troche.* 2., neubearb. und erw. Aufl. 208 S., 75 Abb., 17 Bemessungstaf., 20 Rechenbeisp. 1953 *(Bd. 1078)*
Statik der Baukonstruktionen von *A. Teichmann.* 4 Bde.
I: Grundlagen. 100 S., 51 Abb., 8 Formeltaf. 1956 *(Bd. 119)*
II: Statisch bestimmte Stabwerke. 107 S., 52 Abb., 7 Taf. 1957 *(Bd. 120)*
III: Statisch unbestimmte Systeme. 1958 In Vorb. *(Bd. 122)*
Fenster, Türen, Tore aus Holz und Metall. Eine Anleitung zu ihrer guten Gestaltung, wirtschaftlichen Bemessung und handwerksgerechten Konstruktion von *W. Wickop.* 4., überarb. und erg. Aufl. 155 S., 95 Abb. 1955 *(Bd. 1092)*
Heizung und Lüftung von *J. Körting*† und *W. Körting.* 2 Bde. 8., neubearb. Aufl.
I: Das Wesen und die Berechnung der Heizungs- und Lüftungsanlagen. 140 S., 29 Abb., 18 Zahlentaf. 1951 *(Bd. 342)*
II: Die Ausführung der Heizungs- und Lüftungsanlagen. 152 S., 165 Abb., 7 Zahlentaf. 1954 *(Bd. 343)*
Industrielle Kraft- und Wärmewirtschaft von *F. A. F. Schmidt* u. *A. Beckers.* 167 S., 73 Abb. 1957 *(Bd. 318/318a)*

SAMMLUNG GÖSCHEN/BANDNUMMERNFOLGE

1 Langosch, Der Nibelunge Nôt
3/3a v. Ende, Die Maschinenelemente
9 Marcard-Beck, Dampfkessel I
10 Jiriczek-Wisniewski, Kudrun- und Dietrichepen
13 Lotze, Geologie
19 Altheim, Röm. Geschichte I
20 Hofstaetter-Spree, Dt. Sprachl.
29 Brauns-Chudoba, Allg. Mineralogie
30 Eckert-Greifendorff-Kleffner, Kartenkunde
31 Brauns-Chudoba, Spez. Mineralogie
35 Treue, Dt. Geschichte von 1648 bis 1740
37 Klemm, Anorganische Chemie
38/38a Schlenk, Organ. Chemie
39 Treue, Dt. Geschichte von 1713 bis 1806
42 Behn, Vorgeschichte Europas
47 Fischer, Arithmetik
51/51a Ringleb-Bürklen, Mathematische Formelsammlung
59 Krahe, Indogerm. Sprachwiss.
60 Biehle, Stimmkunde
61 Biehle, Redetechnik
65/65a Grotemeyer, Anal. Geom.
66 Berneker-Vasmer, Russische Grammatik
71 Schulze, Allg. u. phys. Chemie I
76 Döring, Einf. i. d. theoret. Physik I
77 Döring, – II
78 Döring, – III
79 Hempel, Gotisches Elementarb.
80 Weigert, Stilkunde I
96 Hartmann, Einf. i. d. allgem. Biologie
99 Hessenberg-Kneser, Ebene und sphär. Trigonometrie
101 v. Wiese, Soziologie
103 Dahrendorf, Industrie- und Betriebssoziologie
104/104a Hofstätter, Sozialpsychologie
111 Hoffmann-Debrunner, Gesch. d. griechischen Sprache I
114 Debrunner, — II
117 Brandenstein, Griechische Sprachwissenschaft I
119 Teichmann, Statik der Baukonstruktionen I
120 Teichmann, - II
122 Teichmann, - III
125 Vossler, Ital. Literaturgesch.
128/128a Lausberg, Romanische Sprachwissenschaft I
136 Mahler, Physikalische Formelsammlung
141 Geitler, Morphol. der Pflanzen
142 Haack, Darst. Geometrie I
143 Haack, — II
144 Haack, — III
145 Weimer, Gesch. der Pädagogik
156/156a Landmann, Philosophische Anthropologie
170 Oehlmann, Musik des 19. Jahrh.
171/171a Oehlmann, Musik des 20. Jahrhunderts
173 Bruhns-Ramdohr, Petrographie
180 Böhm, Versicherungsmath. I
184 Blümcke, Textilindustrie I
196 Mohr, Grundlagen d. Elektrotechnik I
197 Mohr, – II
198 Mohr, – III
200/200a Gottschald, Dt. Rechtschreibungswörterbuch
210 Bruhns-Ramdohr, Kristallographie
220/220a Moser, Allg. Musiklehre
221/221a Jander-Jahr, Maßanalyse
222 Hassak-Beutel, Warenkunde I
223 Hassak-Beutel, – II
226 Hofmann, Geschichte der Mathematik I
228 Vogel, Landw. Tierzucht
231/231a Ehrlich, Geschichte Israels
238 Krahe, German. Sprachwiss. I
243 Mahler, Physikal. Aufgabenslg.
247 Hoppe, Analytische Chemie I
248 Hoppe, – II
250 Lausberg, Roman. Sprachwissenschaft II
252 Dassler, Elektrochemie I
253 Dassler, – II
256 Haussner, Aufgabensamml. zur analyt. Geometrie der Ebene
257 Humburg, Die Gleichstrommaschine I
264 Lockemann, Geschichte der Chemie I
265/265a Lockemann, – II
270 Kirn, Einführung in die Geschichtswissenschaft

274 Zietemann, Dampfturbinen I
280 Jacob, Quellenkunde der deutschen Geschichte II
281 Leisegang, Einführung in die Philosophie
284 Jacob-Weden, Quellenkunde der deutschen Geschichte III
318/318a Schmidt, Industrielle Kraft- und Wärmewirtschaft
319 Krug, Australien und Ozeanien
329 Scharrer, Agrikulturchemie I
330/330a Scharrer, — II
335 Braun-Klug, Fette und Öle
336 Braun-Klug, Seifenfabrikation
342 Körting, Heizung und Lüftung I
343 Körting, — II
344 Moser, Musikästhetik
354/354a Valentiner, Vektoren
355 Neger-Münch, Nadelhölzer
356 Lüdemann, Fische
374 Döring, Einf. in die theoret. Physik IV
375 Preller, Geschichte Englands I
389/389a Diels-Mattick, Pflanzengeographie
394/394a Schilling, Von der Renaissance bis Kant
414/414a Tafel, Hebezeuge I
422 Gottschald, Deutsche Personennamen
423 Adler, Fünfstell. Logarithmen
432 Borchers, Metallkunde I
433 Borchers, — II
439 Jaeckel, Würmer
440 Jaeckel, Weichtiere
441 Jaeckel, Stachelhäuter
442 Hannemann, Schwämme und Hohltiere
443 Gruner-Deckert, Krebse
444 Reichenow, Einzeller
452 Bahrdt-Scheer, Stöchiometrische Aufgabensammlung
468 Werkmeister, Vermessungskunde I
469 Werkmeister, — II
476 Thum-Meysenbug, Die Werkstoffe des Maschinenbaus I
483 Henglein, Lötrohrprobierkunde
492 Stolz-Debrunner, Geschichte der lateinischen Sprache
499 Niese, Autogen. Schweißen
500 Simmel, Hauptprobleme der Philosophie
521 Marcard-Beck, Dampfkessel II
536 Lehmann, Kant
538 Rumpf, Archäologie I
539 Rumpf, — II
557 Nestle, Griechische Literaturgeschichte II
561 Matthes, Werkzeugmaschinen I
562 Matthes, — II
564 Behn, Kultur der Urzeit I
565 Behn, — II
566 Behn, — III
571 Lehmann, Philosophie des 19. Jahrhunderts I
576/576a Moser, Gesangskunst
579 Müller-Schulze, Techn. Tabellen
580/580a Sedlaczek, Walzwerke
583/583a Engel, Maschinen der Eisenhüttenwerke
585 Dehnert, Verkehrswasserbau I
589 Tochtermann, Maschinenzeichnen I
590 Tochtermann, — II
594 Lengerken, Insekten
597 Dehnert, Verkehrswasserbau II
601 Mutschmann, Engl. Phonetik
619 Buchwald, Kristalloptik
665 Ludin, Wasserkraftanlagen I
666/666a Ludin, — II
668 Knopp, Funktionentheorie I
677 Altheim, Röm. Geschichte II
691 Fauser, Kulturtechn. Bodenverbesserungen I
692 Fauser, — II
698/698a Schulze, Allgemeine und physikalische Chemie II
703 Knopp, Funktionentheorie II
709 Lehmann, Philosophie des 19. Jahrhunderts II
711 Kesselring, Berechnung der Schaltgeräte
714/714a zur Megede, Einf. in die Technik selbsttät. Regelungen
715 Zietemann, Dampfturbinen II
716 Zietemann, — III
718 Neger-Münch, Laubhölzer
728/728a Pirani, Graph. Darstellung
735 Ekwall, Historische neuengl. Laut- und Formenlehre
763/763a Beer-Meyer, Hebräische Grammatik I
764/764a Beer-Meyer, — II
768/768a Bieberbach, Einführung in die konforme Abbildung
780 Krahe, Germ. Sprachwiss. II
781 Weigert, Stilkunde II
786 Schulze, Molekülbau
807 Kropp, Erkenntnistheorie I
809 Moser, Harmonielehre I
826 Koch, Philosophie des Mittelalters

827 Schwaiger, Elektromotorische Antriebe
831 Erismann, Allg. Psychologie I
845 Lehmann, Philosophie im ersten Drittel des 20. Jahrh.
847 Herter, Lurche
851/851a Moede, Psychologie des Berufs- und Wirtschaftslebens
857 Capelle, Griech. Philosophie I
858 Capelle, — II
859 Capelle, — III
862 Werkmeister, Vermessungskunde III
863 Capelle, Griech. Philosophie IV
875 Hofmann, Gesch. d. Math. II
877 Knopp, Aufgabensammlung zur Funktionentheorie I
878 Knopp, — II
881 Humburg, Gleichstrommaschine II
882 Hofmann, Gesch. d. Math. III
902 Müller, Dynamik I
903 Müller, — II
910 Jaeger, Afrika I
911 Jaeger, — II
915 Sperber-Fleischhauer, Gesch. der deutschen Sprache
917/917a Böhm, Versicherungsmathematik II
920 Hoheisel, Gewöhnliche Differentialgleichungen
921 Jantzen-Kolb, W. v. Eschenbach. Parzival
929 Schirmer, Dt. Wortkunde
930 Krull, Elementare und klassische Algebra I
931 Hasse, Höhere Algebra I
932 Hasse, — II
952 Schäfer, Transformatoren
953 Zipperer, Techn. Schwingungslehre I
961/961a Zipperer, — II
965 Dehnert, Wehr- und Stauanl.
970 Baldus-Löbell, Nichteuklid. Geometrie
972 Herter, Tierphysiologie I
973 Herter, — II
978 Kleinlogel, Baustoffverarb. u. Baustellenprüf. des Betons
984 Graf, Die wichtigsten Baustoffe des Hoch- u. Tiefbaus
999/999a Kamke, Mengenlehre
1000 Jaspers, Geistige Situation
1003 Hoheisel, Partielle Differentialgleichungen
1008 Mellerowicz, Allgemeine Betriebswirtschaftslehre I
1009 Bechert-Gerthsen, Atomphysik I
1014 Huttenlocher, Mineral- und Erzlagerstättenkunde I
1015/1015a Huttenlocher, — II
1017 Döring, Einf. i. d. theoret. Physik V
1020 Niese-Dienst, Elektr. Schweißverfahren
1031/1031a Apel, Philosophisches Wörterbuch
1033 Bechert-Gerthsen, Atomphysik II
1034 Kranefeldt, Therapeutische Psychologie
1035 Altheim, Röm. Religionsgeschichte I
1039 Dovifat, Zeitungslehre I
1040 Dovifat, — II
1044 Tölke, Talsperren
1045 Schubert, Technik des Klavierspiels
1051/1051a Stolberg-Wernigerode, Gesch. der Verein. Staaten von Amerika
1052 Altheim, Röm. Religionsgeschichte II
1057 Roth, Thermochemie
1059 Hoheisel, Aufgabensammlung zu den gewöhnl. und partiellen Differentialgleichungen
1061 Grodzinski, Getriebelehre I
1065 Haller, Von den Karolingern zu den Staufern
1070 Sauter, Differentialgleichungen der Physik
1076/1076a Endres, Verbrennungsmotoren I
1078 Troche, Stahlbetonbau
1082 Hasse-Klobe, Aufgabensamml. zur Höheren Algebra
1084 Nußelt, Technische Thermodynamik I
1085 Lietzmann, Zeitrechnung
1086 Müller, Dt. Dichten u. Denken
1088 Preller, Geschichte Englands II
1092 Wickop, Fenster, Türen, Tore
1094 Hernried, System. Modulation
1096 Viëtor, Dt. Dichten und Denken
1099 Hoheisel, Integralgleichungen
1105 Hartung, Dt. Geschichte im Zeitalter der Reformation
1108 de Boor-Wisniewski, Mittelhochdeutsche Grammatik

1109 Knopp, Elemente der Funktionentheorie
1111 Naumann-Betz, Althochdeutsches Elementarbuch
1113/1113a Strubecker, Differentialgeometrie I
1114 Schubel, Englische Literaturgeschichte I
1115 Ranke, Altnord. Elementarb.
1116 Schubel, Englische Literaturgeschichte II
1117 Haller, Eintritt der Germanen in die Geschichte
1121 Naumann, Dt. Dichten und Denken
1122 Feist, Sprechen u. Sprachpflege
1123/1123a Bechert-Gerthsen, Atomphysik III
1124 Meissner, Englische Literaturgeschichte III
1125 Lehnert, Altengl. Elementarb.
1127 Hartmann, Geschlecht und Geschlechtsbestimmung im Tier- und Pflanzenreich
1128 Buchner, Symbiose der Tiere mit pflanzl. Mikroorganismen
1130 Dibelius, Jesus
1131 Scholz-Schoeneberg, Einführung in die Zahlentheorie
1132 Frühauf, Überspannungen und Überspannungsschutz
1134 Kuckuck, Pflanzenzüchtung I
1135 Lehnert, Beowulf
1136 Meissner, Englische Literaturgeschichte IV
1137 Heil, Entwicklungsgeschichte des Pflanzenreichs
1138 Hämmerling, Fortpflanzung im Tier- und Pflanzenreich
1140 Unger, Induktionsmaschinen
1141 Koller, Hormone
1142 Meissner-Lehnert, Shakespeare
1144 Gehler-Herberg, Festigkeitslehre I
1145/1145a Herberg-Dimitrov, - II
1146 Humburg, Synchrone Maschine
1147 v. Waltershausen, Kunst des Dirigierens
1148 Pepping, Der polyphone Satz I
1151 Nußelt, Technische Thermodynamik II
1152 Dehnert, Verkehrswasserbau III
1153 Mellerowicz, Allgem. Betriebswirtschaftslehre II
1154 Mellerowicz, — III
1155 Schwartz, Mikrobiologie I
1156/1156a Meinke, Komplexe Berechn. der Wechselstromschaltungen
1157 Schwartz, Mikrobiologie II
1158 Mayrhofer, Sanskrit-Grammatik
1159 Jungbluth, Gießereitechnik I
1160 Dibelius-Kümmel, Paulus
1161 Kaestner, Spinnentiere
1162 Seidel, Entwicklungsphysiolog. der Tiere I
1163 Seidel, — II
1164/1164a Pepping, Der polyphone Satz II
1165/1165a Bechert-Gerthsen, Atomphysik IV
1169 Paulsen, Allgemeine Volkswirtschaftslehre I
1170 Paulsen, — II
1178/1178a Kuckuck, Pflanzenzüchtung II
1179/1179a Strubecker, Differentialgeometrie II
1180/1180a Strubecker, — III

AUTORENREGISTER

Printed in Germany

Überreicht durch:

FSC
www.fsc.org
MIX
Papier | Fördert gute Waldnutzung
FSC® C083411

Zeitfracht Medien GmbH
Ferdinand-Jühlke-Straße 7
99095 Erfurt, Deutschland
produktsicherheit@kolibri360.de